欲望心理学

遇见潜意识的自己

王沛宇◎著

国家一级出版社　　中国纺织出版社　　全国百佳图书出版单位

内 容 提 要

欲望支配着人们的心理和行为，是人们行为的助推器，能激励人们努力向前，达成所愿。如果欲望无止境，我们的心被欲望控制，就很容易迷失自己。

本书不但从心理学层面剖析了欲望的来源，揭开了欲望的本来面目，还从生活中的实例出发，教导人们合理地控制欲望，从而提醒生活中那些正在为满足一个个欲望而殚精竭虑的人们，及时地审视自己的行为，回归幸福的正途。

图书在版编目（CIP）数据

欲望心理学 / 王沛宇著. ‒‒北京：中国纺织出版社，2017.12 （2019.1重印）

ISBN 978-7-5180-4410-8

Ⅰ.①欲… Ⅱ.①王… Ⅲ.①欲望—通俗读物 Ⅳ.①B848.4-49

中国版本图书馆CIP数据核字（2017）第302918号

责任编辑：闫 星　　特约编辑：李 杨　　责任印制：储志伟

中国纺织出版社出版发行

地址：北京市朝阳区百子湾东里A407号楼　邮政编码：100124

销售电话：010—67004422　传真：010—87155801

http://www.c-textilep.com

E-mail：faxing@c-textilep.com

中国纺织出版社天猫旗舰店

官方微博http://weibo.com/2119887771

天津千鹤文化传播有限公司印刷　各地新华书店经销

2017年12月第1版　2019年1月第11次印刷

开本：710×1000　1/16　印张：13

字数：156千字　定价：36.80元

前　言

生活中，也许每个人都曾问过这样的问题，幸福到底是什么？也许大多数人认为，拥有名利地位，拥有奢华的生活就是幸福，也有人说，万事如意就是幸福，更有人说，得到就是幸福。然而，真是如此吗？即便你坐拥名利地位，即便你事事如意，也未必觉得幸福，因为支配你的人生的，还有一个重要的心理学概念——欲望。

欲望是个奇怪的东西，常常在人们心中表现得模糊不清、躁动不安。确实，我们在这个光怪陆离的世界里行走，实在是有太多理由充满欲望。金钱、权力、名声、美貌，这些都是我们想要拥有的，于是，人们开始为自己的欲望埋单，为了满足自己的欲望，一些人马不停蹄地往前赶，希望早一点达到期望的终点；一些人为了达成目的，不择手段，迷失自我，一些人甚至为此付出了沉重的代价。而最终，他们才明白，人生路漫漫，除了欲望的满足，还有太多的美好被我们忽视了。

诚然，我们必须要承认欲望的正面影响，合理的欲望是我们人生的助推器，催人奋进，从这一点看，我们要肯定欲望的积极作用，事实上，那些在事业上做出一番成就的人，无不对成功有着强烈的欲望。而从心理学的角度看，人的行为是受心理影响和支配的，心里有欲望，行动才有动力。

米兰·昆德拉曾经说过："欲望是一种美！"的确，人生就是由很多欲望组成的，人们通过不断地满足自己的欲望，走完了人生的一大半路程。正是因为有了欲望，人们才有了追求，有了成功的动力。但是，欲望不能过度，一旦过度，人们就会迷失在欲望之中，忘记了自己最初的目的。有个名人曾经说过，人之所以活得很累，就是因为欲望太多了。

然而，如果我们将人生变为一次次欲望的满足，就无疑是一种悲哀。要知道，我们穷其一生想要获得的，不过是幸福而已。人活于世，无非是为了使自己更加快乐幸福而已。而要学会快乐地生活，最重要的是要摆正自己的心态。拥有一份恬淡的心境，对于万事万物，不骄不躁，那么，你就懂得了幸福的真谛。正如《红楼梦》中这样的一句话："说什么脂正浓，粉正香，如何两鬓又成霜？昨日黄土垄头送白骨，今宵红绡帐底卧鸳鸯。"世事无常，人生匆匆，唯有一颗单纯的心才会让人幸福快乐。

德国哲学家叔本华也曾说过："我们很少想到自己拥有什么，却总是想着自己还缺少什么！不要感慨你失去或是尚未得到的事物，你应该珍惜你已经拥有的一切。"真正的幸福不是你每天得到了一些什么，而是每天你都能对自己拥有的一切，怀抱着一颗满足、感恩、珍惜的心，如果我们能够保持着这种态度来对待生活中的每一天、每件事，那么，即使人生中有摆脱不了的悲苦、辛酸，我们也能让它们转化成有价值、有意义的事。

然而，欲望究竟是什么？为什么我们很多人无法摆脱它的控制？我们又该如何善待欲望？印度20世纪伟大的哲学家、心灵导师克里希那穆提说："对欲望不理解，人就永远不能从桎梏和恐惧中解脱出来。如果你摧毁了你的欲望，可能你也摧毁了你的生活。如果你扭曲它、压制它，你摧毁的可能是非凡之美。"

《欲望心理学》这本书会给你想要的答案。当你急切地想要了解欲望之谜时，何尝不是一种欲望的追逐呢？此时，不要急着向前走，不妨抽出一点时间来好好阅读这本书，你会对人性中的欲望有个全面的了解，也会明白幸福的真谛所在，让你的人生光芒四射，与众不同。

编著者

2017 年 3 月

目 录

第 01 章　了解欲望，人生除了快乐和痛苦还有欲望 \ 001

弗洛伊德说：被欲望战胜还是战胜欲望 \ 002

揭开梦的秘密——愿望的表达 \ 004

心理变态来源于欲望的压抑 \ 006

克制自己对食物的欲望是掌控人生的第一步 \ 008

糖果的诱惑：克制欲望，做行为的主人 \ 011

第 02 章　认识自我，找准自己的位置方能控制欲望 \ 015

冷静下来，认识自己 \ 016

自我反省，方能做回自我 \ 019

唤醒你心中的巨人，找到自己的位置 \ 021

欲望是宝贝，别放错地方 \ 024

人生的道路是由心来描绘的 \ 026

第 03 章　立即行动，让欲望助你产生前进的动力 \ 029

你所谓的稳定，不过是在浪费生命 \ 030

为自己寻找一个积极而有意义的目标 \ 033

拒绝平庸，绝不要敷衍的人生 \ 035

眼光长远，从现在开始就经营你的未来 \ 038

为什么要抱怨，抱怨不如改变 \ 040

第 04 章　尽早立志，你今天的生活是你昨天的"欲望" \ 045

人生定位将决定人的一生 \ 046

你能看多远，便能走多远 \ 049

深谋远虑，让每一个行动都有意义 \ 050

追随别人只能迷失自己 \ 053

第 05 章　追随内心，看清想要的人生 \ 057

人生的不同阶段，有不同的任务 \ 058

别犹豫，做你想做的事情就对了 \ 060

认清自己，从兴趣爱好开始发展自身优势 \ 063

第 06 章　乐于吃苦，尤其是当你的才华还撑不起你的梦想时 \ 067

少一分享乐，多一份忍耐 \ 068

一步步来，别总想一步登天 \ 071

压力亦是动力，踩着压力前进 \ 074

现在的贫困，是为将来奋斗的动力 \ 077

积累实力，然后一飞冲天 \ 080

第 07 章　坚守你的灵魂，别被欲望左右 \ 085

活在比较中，你怎么会快乐 \ 086

别让自己败给了自己的贪婪 \ 089

别让自己成为金钱的奴隶 \ 092

正确的人生态度才能引领你走向成功和辉煌 \ 095

第 08 章　静以修身，你需要随时修剪你的欲望 \ 099

把控欲望，别让它控制你 \ 100

丢掉虚荣，让心淡然 \ 103

人生沉浮，平静看待方能收获幸福 \ 106

放任自己对名利的欲望只会让你迷失自我 \ 109

第 09 章　摒弃完美，要什么完美，你就是最好的 \ 113

喜欢自己，认可自己 \ 114

不苛求生活，不完美的才真实 \ 117

学会接受残缺，让自己更坚强 \ 120

站在美的角度去欣赏生活 \ 122

第 10 章　宁静慎思，让躁动的心归于平静 \ 125

面对闹与静，学会调适自己的心态 \ 126

静不下心，又怎能活得明白 \ 129

学会享受一个人的寂寞 \ 131

别羡慕他人呼朋唤友的生活 \ 133

第 11 章　淡泊清心，抵制诱惑，因为一切皆为浮云 \ 137

灯红酒绿的世界学会把握心态 \ 138

浮躁是因为你想要的太多 \ 140

淡泊明志，宁静致远 \ 142

充盈你的精神世界，人的灵魂不能浅薄 \ 145

第 12 章　热爱生命，呼吸在，所以你一切都在 \ 147

关注健康，不可骄纵你的肉体 \ 148

劳逸结合，懂得休息的人才懂得工作 \ 151

健康饮食，调节、净化身心 \ 154

累了，就好好睡一觉 \ 156

直面死亡，坦然面对生命的结束 \ 159

第 13 章　知足常乐，不苛求事事如意，保持一颗平常心 \ 163

顺其自然，不苛求是一种平静之美 \ 164

内心恬适，一切就不再混浊 \ 166

强求别人往往迷失自己 \ 169

不强求结果，且看花开花落 \ 172

第 14 章　静观沧桑，聆听时光的温柔 \ 175

学会笑纳命运给予你的一切 \ 176

每一个成功者都经受过一段最难熬的日子 \ 179

专心致志，然后全力以赴 \ 181

静坐无所为，春来草自青 \ 183

第 15 章　驻足倾听，感受恰到好处的幸福 \ 187

烦恼皆自找，始终保持快乐心情 \ 188

正确认识幸福和金钱的关系 \ 191

走慢一点，别错过了人生旅途中的美好风景 \ 193

保持率真的心态，活出真正的自我 \ 195

参考文献 \ 198

第01章

了解欲望，
人生除了快乐和痛苦还有欲望

　　提到欲望心理学，我们不得不提奥地利著名的精神分析学家弗洛伊德，他的欲望论解释了人性的奥秘：人类是拥有丰富欲望的群体。遗憾的是，现实生活中并非所有欲望都能满足。无论如何，我们需要明白的是，人不能做欲望的奴隶，人是精神支配下的人，而不是器官支配下的人。一个能战胜欲望的人才是强者。因此，如果你正在行色匆匆地往前赶，那么，控制一下自己的欲望吧，过度地追求欲望应该适可而止了。有句格言道"无法得到渴望的东西时，就珍惜现在拥有的"。"满足才是贤者之道"，内心知足才会安定，才会幸福。

弗洛伊德说：被欲望战胜还是战胜欲望

提到欲望心理学，不能不提弗洛伊德，任何一个对心理学略知一二的人，也都熟悉这个名字。这里，我们说的弗洛伊德，指的是奥地利著名的精神分析学家西格蒙德·弗洛伊德（1856.5.6—1939.9.23），犹太人，他是精神分析学派的创始人，在弗洛伊德的一生，著有《梦的解析》《性学三论》《图腾与禁忌》《日常生活的心理病理学》《精神分析引论》《精神分析引论新编》等。

弗洛伊德是犹太人，他的家庭很大，在他的上面有两个同父异母的哥哥，下面有两个同胞弟弟和五个妹妹。弗洛伊德自幼就表现出出色的天资，中学时代，他的成绩就一直名列前茅，才17岁的他，就以优异的成绩考进维也纳医学院，在他20岁到25岁这五年内，他跟著名生理学家艾内斯特·布吕克进行研究工作。1881年，他开了自己的私人诊所，担任临床神经专科医生。

弗洛伊德认为被压抑的欲望绝大部分是属于性的，性的扰乱是精神病的根本原因。他提出潜意识；主张人格结构的三层次；主张性欲论。他的许多学说，虽然一直以来都有很大的争议，但不可否认的是，他有创立新学说的杰出才赋，是一位先驱者和带路人。

弗洛伊德提出心理可分为三部分：本我、自我与超我。

潜意识中，本我代表意识中最为原始的思绪，是属于原始需求的部分；而超我则代表身处于社会和集体中的我们所产生的道德准则、良心等部分，以此来反制本我。弗洛伊德指出，通常情况下，大部分属于意识层次的自我则存于原始需求与道德／伦理信念之间，以此平衡。健康的自我具备适应现实的能力，以涵纳本我与超我的方式，与外在世界互动。弗洛伊德极为关注心智这三部分之间的动态关系，特别是三者间产生冲突的方式。

这三个系统并不是相互独立，而是交互作用的，继而产生人类的各种思想以及行为。本我意识下，人们满足内心的欲望，而超我则会将这一欲望压制下去，处于中间状态的自我则会协调这两个方面，依照现实情况，采取适当措施。

中国人常说："得不到的永远是最好的。"想想生活中的我们，是不是有过这样的经历呢？"窈窕淑女，寤寐求之；求之不得，寤寐思服"。追求异性时，越是被拒绝，就越喜欢，越想越觉得这辈子就认定了那个人；买衣服时，货源充足的情况下，我们会表现得买不买无所谓的态度，可若是卖完了，就会突然觉得好像那件衣服特别适合自己，甚至连吃饭睡觉都会想着它。"吃着碗里的，想着锅里的"，好像得不到的才是最好的。

事实上，这是人的"本我"欲望在作怪。弗洛伊德指出，人的本能就是追求喜欢的东西。"求而不得"时，欲望没有满足，自然久久难忘。

欲望是个奇怪的东西，常常在人们心中表现得模糊不清、躁动不安。当欲望降临在我们内心的时候，这可能是上帝给予我们的一次机遇，但却也可能只是一个诱惑而已，被诱惑占据，很有可能跌入谷底，是欲望还是不良诱惑，关键在于我们怎样去用理智去看待、把握和化解。但似乎有些人并不是很明白这个道理，以求爱为例，当求爱被拒绝后，他们想方设法再次讨好对方，甚至寝食难安、焦虑难耐，当求爱不成，他们就产生怨恨、报复的情绪，最终伤害了别人，也伤害了自己。

其实，不妨借鉴"吃不到葡萄说葡萄酸"的心态开解、安慰自己。另外，告诉自己活在当下、珍惜已经拥有的，才是最佳的生活态度，切不可为了满足自己的欲望头脑发热、忘乎所以。

弗洛伊德的欲望论为我们清晰地阐述了人性中的奥秘：人类是拥有丰富欲望的群体。然而，并不是我们所有的欲望都能被满足，我们需要明白的是，人不能做欲望的奴隶，人是精神支配的人，而不是器官支配下的人。一个能战胜欲望的人才是强者。

揭开梦的秘密——愿望的表达

日常生活中，每当我们睡着时，很多时候会做梦，那么，梦是怎么形成的呢？

奥地利精神分析学家弗洛伊德认为，人不停地产生愿望和欲望，这些愿望和欲望在梦中通过各种伪装和变形表现和释放出来，这样才不会闯入人的意识，让人从沉睡中醒来。也就是说，梦能帮助人们排除意识体系无法接受的那些渴望和欲望，是保护睡眠的卫士。

梦能帮助人们排除意识体系无法接受的那些渴望和欲望，我们先来计算一下，我们来假设，一个人可以活到 70 岁，他的一生大概有三分之一的时间都在床上，那么，他的睡眠时间大概是 27 年，在这 27 年的睡眠当中，用于做梦的时间至少要有五六年之久。但可能令很多人感到好奇的是，人为什么会做梦？家弗洛伊德曾经指出："一切梦的共同特性，第一就是睡眠。""梦是愿望的达成。"

我们知道，当睡眠时，即使在熟睡时，人体和大脑都不会与周围的环境完全隔离，一些外界的刺激还是会输入到大脑中，去唤起大脑中某些细胞群的"觉醒状态"而做起梦来。这就是说睡眠中大脑的某些区域仍可对外界刺激保持一定的联系，这就是做梦。

人在做梦时，大脑内部会产生活跃的化学反应，这时，人的脑细胞会进行蛋白质的合成和更新，并且会达到高峰，在这个过程中，新的氧气、养料会将废物运走，而使新的蛋白成分合成。从这个意义上说，做梦是有助于睡眠和第二天的活动的。脑中的一部分细胞在清醒时不起作用，但当人入睡时，这些细胞却在"演习"其功能，于是乎形成了梦。

其实，梦离不开日常生活。

一些梦，往往与我们在白天经历的某些事情有关，比如，受到电影、小说、生活中的见闻的刺激；还有一些梦，是因为身体的影响，例如，在憋尿时，就常常会梦到找厕所。形成梦的另一个原因是强烈的愿望。恋爱时，梦中经常会出现恋人的身影。当特别想到某个地方去玩，或特别想吃某样东西时，在梦中就经常会如愿以偿。这就是弗洛伊德的关于梦的形成的解析。

梦给人痛苦或愉快的回忆，做梦锻炼了脑的功能，梦有时能指导你改变生活，还可部分地解决醒时的冲突，将使你的生活更加充实。做梦是人体一种正常的、必不可少的生理和心理现象。

正常的梦境活动，是保证机体正常活力的重要因素之一。心理学家认为，人具有很大的潜能，而只有不到 1/4 被激发出来，另外的 3/4 潜藏在无意识之中，而做梦便是一种典型的无意识活动，通过做梦，人的已有知识能被重新组合，最后存入记忆的仓库中，使知识成为自己的智慧和才能。

梦境可帮助你进行创造性思维，许多著名科学家、文学家的丰硕成果，不少亦得益于梦的启迪。有人对英国剑桥大学卓有成就的学者进行调查，结果有 70% 的学者认为他们的成果曾在梦中得到过启发。瑞士日内瓦大学对 60 名数学家也做过类似调查，有 51 人承认许多疑难问题曾在梦中得到解答。如果人不会做梦，则有可能在某种程度上导致心灵及个性上的紊乱，甚至影响思维灵感的发挥。

无梦睡眠不仅质量不好，而且还是大脑受损害或有病的一种征兆。临床医生发现，有些患有头痛和头晕的病人，常诉说睡眠中不再有梦或很少做梦，经诊断检查，证实这些病人脑内轻微出血或长有肿瘤。医学观察表明，痴呆儿童有梦睡眠明显少于同龄的正常儿童，患慢性脑综合征的老人，有梦睡眠明显少于同龄的正常老人。最近的研究成果亦证实了这个观点，即梦是大脑调节中心平衡机体各种功能地结果，梦是大脑健康发育和维持正常思维的需要。倘若大脑调节中心受损，就形成不了梦，或仅出现一些残缺不全的梦境片段，如果长期无梦睡眠，倒值得人们警惕了。

心理变态来源于欲望的压抑

日常生活中，我们常常说某个人变态，这只是一句戏谑之言，对于什么是真正的心理变态，大概人们无法给出具体的定义。那么，为什么有些人会心理变态呢？心理学家给出的答案是：在心理变态者的内心需要与欲望满足没有平衡。

心理变态又称"心理异常""心理障碍"。指人的知觉、思维、情感、智力、意念及人格等心理因素的异常表现。

变态或接近变态的心理有很多种，如催眠、梦游、幻觉、性变态以及各种精神病和神经病等。另外，心理变态不光包括这些外显的、可以被他人察觉出来的活动或精神异常，也包括那些思想、情绪、态度、能力、人格等各方面内隐的异常。

我们再举几个例子：

比如说吃饭，如果一个人在饥饿了几天后，突然看见食物，那么他很有可能会因为饿疯了而饥不择食，也不管食物的好坏。这一点，我们在很久之前的战场上都会找到案例。那些上阵杀敌的战士，在回到祖国的时候，看见鲜美的食物，就毫无顾忌地吃，到最后，还有些人撑死了，其实，这都是因为他们对于食物的欲望被长时间压抑以后出现了变态反应。

另外，生活中，我们发现，一些小孩子好像有奇怪的行为，他们喜欢抠墙土吃，挖泥吃，这就是人们说的"异食癖"，是一种被压抑、没被满足的欲望从另外一种变态的角度表现出来了。

还有一种是我们常见的，就是被压制的性欲，当性欲望被压抑到一定程度后，就会反映到一些奇奇怪怪的事情上。比如说，男女之间，产生心理欲望，这是再正常不过的事情，但当这些欲望一直被压抑后，就很容易变态，变态到男人对女人没有感觉，倒是对女人穿的衣服有感觉了。于是他们就开始疯狂地偷人家的内衣，然后收藏起来，这就是"恋物癖"。还有人会发生"恋兽癖""偷窥癖"等。这就是我们说的被过分压制以后出现的变态反应，叫"嗜欲"。

所以，很多人考验自己的男朋友或者老公，是只对自己的肉体有欲望，还是真的对自己动了情，有一个很简单的判别方法，就是在有了性爱以后，男友或者老公是倒头呼呼大睡，还是跟她有缠绵、有说话或者有交流。如果他转身倒头就睡，意思是他生理功能满足了，他这种"欲"就没了。

世间万事万物，都有一个度，人的欲望也是如此，凡事过度，混淆了欲望和需求的定义，就会到一种变态的地步。

一个人是否变态，其实我们可以从他的心灵窗户——也就是眼神来判断的。如果他对某个事物产生特别的喜好，那么，他会动心，会兴奋，瞳孔会不自觉地放大，也就是人们常说的"出神"。所以，过分地放纵自己的欲望以后，眼睛会开始疲劳，然后会"出神"。我们说养神怎么养，就是通过闭目来养。

总之，人的欲望就是渴望被充实、满足。有些人认为欲望就要内心的需求，而其实，这是两个概念。我们不可压抑它，一些人之所以心理变态，就是因为他们一味地压抑内心的欲望。因为你在压抑欲望的同时，它最终会通过其他一些方式发泄出来。

克制自己对食物的欲望是掌控人生的第一步

中国人常说："民以食为天"，中国是饮食文化很悠久的国度，人们讲究吃、爱吃，在中华大地上，充满了各种各样的美味。我们从不否认食物对人的健康的重要性，"人是铁饭是钢"，食物能为我们的身体提供能量，我们只有在保证身体能量充足的情况下，才能进行正常的工作和学习，但对于食物，我们绝不能毫无抵抗力，事实上，抵御美味的诱惑是自控的第一步，一个人连自己的嘴都控制不住，又怎么能控制自己的行为，最终掌控自己的人生呢？

凯瑟琳是个典型的女强人，从大学毕业到现在已经有八年时间，在这八年时间内，她为公司带来很多利润，如今的她已经是这家公司的副总了，但令她烦恼的是，和她的工作成绩一样，她的体重也是"蒸蒸日上"。这主要还是她的饮食习惯导致的。

在曾经的几年时间内，她最大的爱好就是在办公室的抽屉里放上巧克力，她每隔半小时就得吃一块，甚至一次吃上五六块，她很喜欢巧克力在嘴里融化的感觉。只要能吃上一口巧克力，她即使再累，也会立即有了精神。

但如今的凯瑟琳却不知如何是好，她知道问题出现在这里，但怎么才能解决呢？

凯瑟琳是个很有意志力的女人，她曾在上学时就在半个月内把成绩从全班第十名提升到全年级第三名，她曾经为了在校运动会上拿到八百米赛跑的第一名每天早上五点钟起来锻炼；曾经在和一个客户打交道的过程中，她被客户拒绝了十几次却依然没有放弃……想到这些，凯瑟琳告诉自己，难道区区几块巧克力就能打倒自己？

说做就做，她从自己的抽屉里撤掉了这些巧克力，把它们分给了办公室的那些下属们，当然，她常常会怀念那些巧克力的味道，她也完全可以去他们的桌子上拿一块尝尝，因为他们并不知道副总把这些巧克力分给自己的真实原因。曾经一段时间内，巧克力的压力一直沉甸甸地挂在她心头。但她问自己，如果自己偷偷吃了一块，那么，我会找借口鬼鬼祟祟吞下另一块吗？这种压力如此之大，以至于凯瑟琳宁愿给 10 米以内的下属打电话或发邮件，也不愿意走过去面对人家桌上诱人的巧克力。

但就在三周以后，凯瑟琳发现，自己完全能控制住自己对巧克力的欲望了。她甚至能弯下腰去闻下属桌上巧克力的香味而不去吃。

很多凯瑟琳的姐妹都感到诧异，她们依然拿着自己心爱的奶昔、薯条，慨叹自己为什么意志力如此薄弱。相比之下，凯瑟琳也无法想象自己竟有这么坚强的意志。不过无论什么原因，她做到了，现在，她又看到了自己昔日苗条的身材，现在的她也更有自信了。

她不知道这是因为她接受了自己的欲望，还是因为她想到了那些随身携带好时巧克力的学生。但无论如何，她都感到很高兴。

案例中的凯瑟琳是个自控力很强的女人，在意识到巧克力对自己身体的危害之后，她能果断"戒掉"。这对于很多无法抵抗住美食诱惑的人来说是一个最好的激励。

在我们需要抵抗的欲望中，有来自名利的，有物质上的，有情感上的，但无论如何，我们只有学会与自己博弈，长期坚持下去，我们的"自制力模式"才会开启。

然而，我们不得不承认的一点是，现代社会，随着物质生活的提高和科学技术的进步，一些人被周围的花花世界所诱惑，一有时间，他们就置身于灯红酒绿的酒吧、歌厅，就连独处时，他们也宁愿把精力放在玩游戏、上网上，而时间一长，他们的心再也无法平静了，他们习惯了天天玩乐地生活，他们再也没有曾经的斗志，最后只能庸庸碌碌地过完一生。

一个人要追求成功和幸福，就需要有较强的自控力，这是毋庸置疑的，自控力是成功和幸福的助力和保障，同时也是一个人性格坚强与否的重要标志。自控力体现在很多方面，但抵御美味的诱惑是自控的第一步，一个能控制自己口腹之欲的人才谈得上控制自己的思想和行为，才能获得真正幸福的人生。

从另外一个方面看，一个人对食欲没有自控力，如禁不起美味佳肴的诱惑，暴饮暴食，大吃大喝，就会营养过剩，造成肥胖，引发高血压、脂肪肝等各种营养性的疾病；酷嗜烟、酒，经常抽得昏天黑地，喝得烂醉如泥，这些行为都会严重损害身体健康，从根本上削弱你追求成功和幸福的资本。

糖果的诱惑：克制欲望，做行为的主人

我们知道，人的欲望是无限的，但作为一个身心健康的人，一般都能控制自己的欲望，而被欲望控制的人将没有幸福感。我们任何一个人，都应该明白一个道理，知上进、有所追求是一件好事，但让欲望占据了内心，便给人生的悲剧拉开了序幕。

美国著名的心理学家米卡尔曾经做过一著名的"糖果实验"。

实验的对象是一群 4 岁的孩子。米卡尔将他们留在一个房间里，然后发给他们每人一颗糖，然后告诉他们："你们可以马上吃掉软糖，但如果谁能坚持到我回来的时候再吃，就能得到两块软糖。"他离开后，大概有30% 的孩子因为经受不住糖的诱惑而吃掉了糖；有一部分孩子一再犹豫、等待，但还是忍不住诱惑，将糖塞进了嘴里吃了；而另外一部分孩子却通过做游戏、讲故事甚至假装睡觉等方法抵制诱惑，坚持了下来。20 分钟后，实验者回到房间，坚持到最后的孩子又得到了一块软糖。

实验者跟踪研究了 14 年后，发现前后两种孩子的差异非常显著。坚持下来、自制能力强的孩子社会适应力较强，较为自信，人际关系也较好，也较能面对挫折，会积极迎接挑战，不轻言放弃。相反，那些自控力差的孩子怯于与人接触，优柔寡断，容易因挫折而丧失斗志，经常否定自己，遇到压力容易退缩或不知所措，更容易嫉妒别人，更爱计较，更易发怒且常与人争斗。这些孩子在中学毕业时又接受了一次评估，结果表明，4 岁时能够耐心等待的孩子在校表现更为优异，他们学习能力较好，无论是语言表达、逻辑推理、精力集中、制订并实践计划、学习动机等都比较好。更让人意外的是，这些孩子的入学考试成绩普遍较高；而最迫不及待吃掉糖果的那三成孩子，成绩则最差。

由此，我们可以看到，一个人要想成功，跟他控制住自己的欲望有非常密切的关系。我们可以看到的是：古往今来，凡是成功人士，他们往往具有一个共性特质：善于自律，以达到某种目标。我们听过这样一句话"上帝要毁灭一个人，必先使他疯狂。"这句话的意思是，一个人一旦失去自制力后，那么他距离灭亡的距离也不远了。的确，一个人连自己的行为都不能控制，又怎么能做到以强烈的力量去影响他人，获得成功呢？

有这样一个寓言故事：

一只生活在原始森林里的猴子常听人说，天堂里的生活最美好。于是，它决心要找到天堂。

经历了千辛万苦的跋涉，终于有一天，猴子来到一个美丽的小镇。这里有五彩缤纷的花园，奇特的建筑，喧闹的街道，诱人的美味。猴子高兴极了，它结交了不少朋友，每天和小动物们做游戏、搞比赛、听音乐，真是无比的快乐。它觉得这就是自己要找的天堂。

然而，猴子很快就觉得好像有点美中不足，因为这里实在规矩太多，就比如在花园中玩耍，好看的花只供观赏，不能摘，而在原始森林里，只要你喜欢，你可以随便摘，还可以编成花环戴在头上。然而，在这里，有一次，它刚摘一朵，就被小白兔逮到了，狠狠地批评了他一顿，还被罚在花园里干半天活儿。还有，猴子吃完香蕉，随手把香蕉皮扔在路边，又被大公鸡看到，被罚扫一天街道。猴子倒不是怕劳动，就是觉得限制自由让他无法忍受。

终于有一天，猴子在因为一点小事和黄狗打架而被罚做五天公益劳动时，愤然离开了小镇。猴子想："这里肯定不是天堂，天堂里的生活应该无拘无束。"于是，猴子又开始了寻找……

猴子的愿望就是无法满足的，其实，人类何尝不是如此呢？年轻人也应该学会控制自己的愿望，只有脚踏实地、放弃虚无的愿望才是切实的。

对某些人来说，生命是一团欲望，欲望不能满足便痛苦，满足便无聊，人生就在痛苦和无聊之间摇摆，这样的人生无疑是可悲的。

日本京瓷公司的创始人稻盛和夫曾说："欲望和烦恼其实也是人类生存下去的动力，不能一概加以否定。但是，同时也有狠毒的一面，不断使人类痛苦，甚至断送人的一生。如此看来，所谓人类，是何等因果报应的动物啊！因为我们自己生存中不可或缺的动力，同时又是可能致使自己不幸甚至毁灭的毒素。"

事实上，当生活越简单时，生命反而越丰富，尤其是少了物质欲望的牵绊，我们越是能够从世俗名利的深渊中脱身，感受到自己内心深处的宽广和明净。因此，每一个人都应懂得调整自己的欲望。

一个人，如果能战胜自己的欲望，那么他就是个自控心理强、意志力强的人。我们生活中的每个人，都要记住，你虽然平凡，但你也依然可以追求不平凡的生活。只要经常修剪自己的欲望，任何环境中的人，都可以走向成功。

第02章

认识自我，
找准自己的位置方能控制欲望

　　心理学家称，人是一个欲望和需求不断膨胀的动物，也正是由于不断增长的欲望，才使得一个人不断成长。但让欲望占据了内心，便给人生的悲剧拉开了序幕。尼采说，人最终喜爱的是自己的欲望，不是自己想要的东西！能够控制欲望而不被欲望征服的人，无疑是个智者。被欲望控制的人，在失去理智的同时，往往会葬送自己。为此，行走于世，我们除了要不断赶路外，还要停下来认识自我，看看自己是否偏离了方向，只有这样，才能时刻提醒自己真正的梦想和目标是什么，才能找到自己的位置，真诚地追求梦想，实现自己的人生价值。

冷静下来，认识自己

生活中，我们在提到"人生"时，很容易联想到"快乐"和"痛苦"这一相对的词语，这是人生的两种相对状态，而其实，推动我们往前走的，并不是"快乐"或"痛苦"，而是欲望，其实，欲是人的一种生理本能，每一个人都有形形色色的"欲"，有的时候，合理的欲望是人们生存的原动力。

不过，凡事都不可过度。假如对欲望不加以合理地控制，人们就会有越来越多的贪念，最终导致欲壑难填。有了票子，想房子，有了房子，想位子，从不会满足。于是，他们陷入了无止境的欲求之中，一旦自己的欲求满足不了，就开始产生焦虑情绪，又有何快乐可言呢？

心理学家称，对欲望心理的控制，能帮助人们抵制很多不良心理，如懒惰、拖延等；能缓解不良情绪，如冲动、愤怒、消极；更能抵御外界形形色色的诱惑，而前提是我们要认识自我。早在 2000 年前，古希腊人在德尔斐神庙的一侧刻上了"认识自己"警世之语。几千年了，这句话至今仍然在风雨之中傲视着世人。遗憾的是，迄今为止，人们仍然无法肯定地说自己已经实现了"认识自己"的远大目标。

生活中的人们，不知道你是否曾有这样的体验：当你走在川流不息的大街上，看着熙熙攘攘、摩肩接踵的人群，你是否突然间觉得很迷惑：我是谁？来这里干什么？在生活中，人们很难认清楚自己是谁，因而也就很难知道自己想要拥有什么样的生活，脚下的道路又是通往何方的。

哈佛大学校长曾经来北京大学访问时，讲了一段自己的亲身经历：

有一年，这个校长心血来潮，准备过一段与众不同的生活，于是，他向学校请了假，然后告诉自己家人，不要问我去什么地方，我每个星期都会给家里打个电话，报个平安。

接下来，他一个人，带着简单的行李，去了美国南部的农村，开始了他所谓的与众不同的生活——农村生活。他到农场去打工，去饭店刷盘子。在田地做工时，背着老板吸支烟，或和自己的工友偷偷说几句话，都让他有一种前所未有的愉悦。最有趣的是最后他在一家餐厅找到一份刷盘子的工作，干了四个小时后，老板把他叫来，跟他结账。老板对他说："可怜的老头，你刷盘子太慢了，你被解雇了。"

三个月后，这个"可怜的老头"重新回到哈佛，回到自己熟悉的工作环境后，却发现一切原本熟悉的东西顿时变得新鲜起来了，工作成为一种全新的享受。

生活中的人们，你是否也有这样特殊的经历？对于这位哈佛校长来讲，这三个月的经历，就是一次洗涤心灵的过程，他原本是一校之长，原本博学多才，但在经过了新环境的熏陶之后，他回到了原始状态，洗掉了心灵的"垃圾"。

不得不说，随着生活节奏的加快竞争也越来越激烈，人们的物质需求越来越多。然而，假如不能很好地认识自己，不知道自己所真正追求的是什么，不知道人生的目标，那么就很容易形成自满、自负、自我陶醉的心理，更为严重的是，人们很容易被欲望控制，在物质利益的诱惑面前，很多人把持不住自己，盲目地为了追求利益而做出很多有违人性的事情；还有的人虚荣心膨胀，喜欢哗众取宠、炫耀自己，无法客观地、正确地评价自己，还有的人总是喜欢和比自己能力强或者物质条件好的人相比，逐渐失去自我，失去快乐……为了避免上述种种情况的发生，我们每一个人都应该正确地认识自己，意识到每个人都有自己的长处和短处，都有自己拥有的而别人却没有东西，都有属于自己的幸福。只有这样，才能以平静的心态坦然地面对生活。

先哲说："人生的真谛在于认识自己，而且是正确地认识自己。"然而，我们不是在喧嚣中认识自己，也不是在人群之中认识自己，而恰恰是在寂寞的时刻认识自己，于独居的时刻认识自己，犹如深夜的月光洒落在纯净无瑕的窗户之上。任何一个拥有自我的人，都能做到静静地倾听自己内心的声音，以此认识到自己不为人知的另一面，这一面或许是为人处世中的不足与优势，或许是某种特长等，但无论是哪一方面，只要我们能及时发现，就有利于自身的发展。

闹市中的人们是听不到自己的心底的声音的，然而，我们不难发现的一点是，在我们生活的周围，一些人却把命运交付在别人手上，或者人云亦云，盲目跟风，他们忽视了自己的内在潜力，看不到自身的强大力量，甚至不知道自己到底需要什么，不知道未来的路在哪里，于是，他们浑浑噩噩地度过每一天，一直在从事自己不擅长的工作和事业，以至于一直无所成就。因此，我们要做到的是倾听自己内在的良知的声音，寻找到属于自己的人生意义，然后勇往直前坚持到底。

可以说，我们只有在处于孤立的时候，我们才更易于接近我们的灵魂，从而帮助我们认识到另外一个自己，这是信仰的开始，是醒悟的开始。

自我反省，方能做回自我

我们每个人出生起，就在不断认识世界、接受外在世界赠予我们的一切，我们学会了很多，包括科学文化知识、审美、与人相处等，但在这个过程中，我们却很少认识自己，实际上，我们也总是在逃避认识自己，因为认识自己，就意味着我们必须要接受自己"魔鬼"的一面，这个过程对于我们来说是痛苦的，但如果我们想实现自己的需求，成为更优秀的自己，就必须要认识自己，就像剥洋葱一样，寻找到最本真的自我。

有人说"成功时认识自己，失败时认识朋友"固然有一定的道理，但归根结底，我们认识的都是自己。无论是成功还是失败时，都应坚持辩证的观点，不忽视长处和优点，也要认清短处与不足。同时，自我反省、认清自己还能帮助我们做回自我，只有这样才能获得重生。

爱因斯坦小时候是个十分贪玩的孩子，他的母亲常常为此忧心忡忡。母亲的再三告诫对他来说如同耳边风。直到 16 岁那年的秋天，一天上午，父亲将正要去河边钓鱼的爱因斯坦拦住，并给他讲了一个故事，正是这个故事改变了爱因斯坦的一生。

父亲说："昨天我和咱们的邻居杰克大叔去清扫南边的一个大烟囱，那烟囱只有踩着里面的钢筋踏梯才能上去。你杰克大叔在前面，我在后面。我们抓着扶手一阶一阶地终于爬上去了，下来时，你杰克大叔依旧走在前面，我还是跟在后面。后来，钻出烟囱，我们发现了一件奇怪的事情：你杰克大叔的后背、脸上全被烟囱里的烟灰蹭黑了，而我身上竟连一点烟灰也没有。"

爱因斯坦的父亲继续微笑着说："我看见你杰克大叔的模样，心想我一定和他一样，脸脏得像个小丑，于是我就到附近的小河里去洗了又洗。

而你杰克大叔呢，他看我钻出烟囱时干干净净的，就以为他也和我一样干干净净的，只草草地洗了洗手就上街了。结果，街上的人都笑破了肚子，还以为你杰克大叔是个疯子呢。"

爱因斯坦听罢，忍不住和父亲一起大笑起来。父亲笑完后，郑重地对他说："其实别人谁也不能做你的镜子，只有自己才是自己的镜子。拿别人做镜子，白痴或许会把自己照成天才的。"

的确，正如爱因斯坦的父亲所说，我们只能做自己的镜子，照出真实的自我。生活中的人们，也应该从这个故事中有所感悟，追求理想固然重要，但在这个过程中，如果不留一只眼睛给自己，那么你只会迷失自己，你要学会静下心来不断叩问自己内心深处发出的声音。

而实际情况是，日常生活中，我们既不可能每时每刻去反省自己，也不可能站在一定的高度、以局外人的身份来观察自己，于是我们只能以外界信息和他人的眼光来认识自己，于是我们的思维很容易受到外界信息的暗示，我们常常会迷失自己。

生活中的我们，也应该安静下来问自己，我们到底是在不断提升自己，还是只顾面子，不肯跟自己"摊牌"呢？或许有正直不阿的指导者，曾经指出你身上存在的问题或闪光点，但可能你根本不愿意承认这点，因为你不愿意让他人看透自己。

所以，一切注重灵魂生活的人对于卢梭的这句话都会有同感："我独处时从来不感到厌烦，闲聊才是我一辈子忍受不了的事情。"这种对于独处的爱好与一个人的性格完全无关，爱好独处的人同样可能是一个性格活泼、喜欢结交朋友的人，只是无论他怎么乐于与别人交往，独处始终是他生活中的必需。

任何一个人，只有学会倾听自己内心真正的声音，才可能不断挖掘出自身发展过程中不足的部分。面对激烈的竞争，面对瞬息万变的环境，那些不愿意反省自己或者不愿意及时改正错误的人，必将面临衰败的结局。同时，在快节奏的信息社会中，一个人如果不能及时察觉自身的缺点，不能用最快的速度修正自己的发展方向，也必然会在学业和事业中落伍，被无情的竞争所淘汰。

在独处时，我们能从人群和烦琐的事务中抽身出来，这时候，我们独自面对和审视自己，开始了理智与心灵的最本真的对话。诚然，与别人谈古论今、闲话家常能帮我们派遣内心的寂寞，但唯有与自己的心灵对话、感受自己的人生时，才会有真正的心灵感悟。和别人一起游山玩水，那只是旅游；唯有自己独自面对苍茫的群山和大海之时，才会真正感受到与大自然的沟通。

唤醒你心中的巨人，找到自己的位置

生活中，我们周围的每一个人都是一个单独的个体，人与人虽然没有优劣之分，但却有很大的不同。这世界上的路有千万条，但最难找的就是适合自己走的那条路。每一个人都应根据自己的特长来设计自己的道路，根据环境与条件，应努力寻找有利条件；不能坐等机会，要自己创造机会；拿出成果来，获得了社会的承认，事情就会好办一些。每个人都应该尽力找到自己的最佳位置，找准属于自己的人生跑道。当你的事业受挫，不必灰心也不必丧气，拥有坚强的信念定能点亮成功的灯盏。

很多成就卓著的人士的成功，首先得益于他们充分了解自己的长处，根据自己的特长来进行定位或重新定位。但在对自己进行准确定位前，你需要做的就是果断地放弃自己现在所不擅长的道路。

奥托·瓦拉赫是诺贝尔化学奖获得者，他有着传奇的成才过程。

在他还在中学读书时，他的父母希望他学习文学写作，然而，一个学期过去了，老师在给他的评语中这样写道"瓦拉赫很用功，但过分拘泥，这样的人即使有着完美的品德，也绝不可能在文学上发挥出来。"

如此，他的父母只好决定尊重他的意见，让他让他改学油画。可瓦拉赫既不善于构图，又不会润色，对艺术的理解力也不强，成绩在班上是倒数第一，学校的评语更是令人难以接受："你是绘画艺术方面的不可造就之才。"

面对如此"笨拙"的学生，绝大部分老师认为他已成才无望，只有化学老师认为他做事一丝不苟，具备做好化学实验应有的品格，建议他试学化学。

父母接受了化学老师的建议。这不，瓦拉赫智慧的火花一下被点着了。文学艺术的"不可造就之才"一下子变成了公认的化学方面的"前程远大的高才生"。在同类学生中，他遥遥领先……

可见，成功是多元的，并没有贵贱之分，适合自己的、自己擅长的就是最好的，也便是成功的。瓦拉赫的成功，说明这样一个道理：人的智能发展都是不均衡的，都有智能的优势和弱点，人一旦找到自己的智能的最佳点，使智能潜力得到充分的发挥，便可取得惊人的成绩。幸运之神就是那样垂青于忠于自己个性长处的人。松下幸之助曾说，人生成功的诀窍在于经营自己的个性长处，经营长处能使自己的人生增值，否则必将使自己的人生贬值。他还说，一个卖牛奶卖得非常火爆的人就是成功，你没有资格看不起他，除非你能证明你卖得比他更好。

而现实生活中，一些人在人生发展的道路上，却把命运交付在别人手上，或者人云亦云，盲目跟风，他们忽视了自己的内在潜力，看不到自身的强大力量，甚至不知道自己到底需要什么，不知道未来的路在哪里，于是，他们浑浑噩噩地度过每一天，一直在从事自己不擅长的工作和事业，以至于一直无所成就。

成功学专家 A.罗宾曾经在《唤醒心中的巨人》一书中非常诚恳地说过："每个人都是天才，他们身上都有着与众不同的才能，这一才能就如同一位熟睡的巨人，等待我们去为他敲响沉睡的钟声……上天也是公平的，不会亏待任何一个人，他给我们每个人以无穷的机会去充分发挥所长……这一份才能，只要我们能支取，并加以利用，就能改变自己的人生，只要下决心改变，那么长久以来的美梦便可以实现。"

尺有所短，寸有所长。一个人也是这样，你这方面弱一些，在其他方面可能就强一些，这本是情理之中的事情，找到自己的优势和承认自己的不足一样，都是一种智慧。其实每个人都有自己的可取之处。比如说你也许不如同事长得漂亮，但你却有一双灵巧的手，能做出各种可爱的小工艺品；比如说你现在的工资可能没有大学同学的工资高，不过你更有发展前途；等等。

所以，一个人在这个世界上，最重要的不是认清他人，而是先看清自己，了解自己的优点与缺点、长处与不足等。搞清楚这一点，就是充分认识到了自己的优势与劣势，容易在实践中发挥比较优势，否则，无法发现自己的不足，就会使你沿着一条错误的道路越走越远，而你的长处，却被你搁浅，你的能力与优势也就受到限制，甚至使自己的劣势更加劣势，使自己立于不利的地位。所以，从某种意义上说，是否认清自己的优势，是一个人能否取得成功的关键。

当然，要想发展自身的优势，首先要做到对自我价值的肯定，这必然有助于我们在工作中保持一种正面的积极态度，进而转换成积极的行动，无疑是一项超强的利器。

欲望是宝贝，别放错地方

"贪者，恶之大也""祸莫大于不知足""非智之不足，非技之不胜，利令智昏，贪婪之心，才是天下祸机之所伏。"贪婪是人性的一大弱点。一般而言，贪婪心理的形成主要有以下几个方面：错误的价值观念：认为社会是为自己而存在，天下之物皆为自己拥有。这种人存在极端的个人主义思想，是永远不会满足的。《论语别裁》中说："有求皆苦，无欲则刚"。其实，正因为有欲望，我们才有了上进心，欲望是激发我们不断奋进的动力，从这一点看，欲望是宝贝，然而，凡事都不可过度，欲望也不是放之四海而皆准的，如果我们对欲望不加以合理的控制，人们就会有越来越多的贪念，最终导致欲壑难填。在生活中，越来越多的贪求欲者被物欲、财欲、权欲等迷住心窍，攫求无度，终至纵欲成灾。然而，一个人活着就无法摆脱各种各样的欲望，只要有欲望，就会有所求，而有所求又必然导致人们与痛苦纠缠。有这样一个故事：

从前，有一户人家，兄弟三人。

老大是个笨蛋，村里人认为他是个智力不健全的人，如今，他已经是个四十好几的人了，还没娶妻生子，一个人住在一间破茅屋里，连一件像样的衣服都没有。有人问他："你最大的心愿是什么？"他情不自禁地脱口而出："天天有新衣穿。"

老二，则是小康之家，衣食无忧，但也不知道为什么，他偏偏长相难看，结果，他只能娶一个很难看的妻子。所以，当问到他的心愿时，他就迫不及待地说："天天娶美妻。"

而老三是个聪明人，会做生意，现在的他已经是富甲一方的人了，当人们问他有什么心愿时，他却毫不顾忌地说："挖一窖金。"……

这是个故事，但从中足可以深刻地看出人的贪婪之心。"人心不足蛇吞象"，多么贴切的比喻。贪婪之心，就像是一个恶魔，一旦附身，就会让人迷失自己。仔细再想，其实我们每个人又何尝不是如此呢？读过这个故事，我们都应该好好地反思一下了。如果我们能舍弃这些无止境的欲望，想想自己到底需要什么，我们是不是会收获更多呢？

人们常说："欲壑难填"，的确，尤其的对物质欲望、富贵荣耀、名利的追求，更是无穷无尽，而这很可能会让我们迷失自己，保持一颗平常心，拿捏好尺寸，才能得之淡然、失之坦然，才能合理地节制自己的欲望！

不管你是在温室中成长，还是在困苦中挣扎，欲望都会存在于你的心中。欲望可以成为我们的信念，支撑我们渡过难关，但是欲望也像鸦片，容易上瘾。当你一次满足了之后，就会不断地想要更多的欲望，那根本就是一个无法填满的无底洞，于是你越来越难以抵御外面世界的诱惑。最后，人被欲望所控制着，甚至成为了欲望的奴隶，被那些诱惑所吞噬。所以，我们应该记住：想成大事，必先克制内心的欲望，学会抵御外面世界的种种诱惑。

然而，现代社会中的人们，关于欲望，拿起来容易，舍下却难。生活在商品经济的大潮里，每个人都要面对物欲横流的红尘世界的万千诱惑，那些纷纷扰扰的现实，时刻都在迷惑着眼球，欲望追求加快了人们前进的脚步，总觉得不远处的鲜花和掌声正在向我们招手。其实，舍弃这些无止境的欲望也并非难事，只要我们学会关注眼前的幸福，体会人生，去欣赏生活中点滴的美好，我们的心境自然会豁然开朗。我们要懂得享受过程，真正让我们得到满足的也是过程，人的一生也是如此，最美的不是结果，而是人生的旅途。

其实，要想控制自己的欲望，我们就需要修炼自己的心情，使自己淡泊从容。但是，淡泊是一种很高的人生境界，淡泊是一种品质、一种德行、一种修养，值得你用自己的一生去追寻。当然，所谓的淡泊并不是指无欲无求。众所周知，人生就是由一个个欲望组成的，合理的欲望是人生的原动力。所以，淡泊指的是正确地取舍，属于我的，当仁不让，不属于我的，千金难动其心，这才是真正的淡泊。

总之，人不能改变过去，也不能控制将来，人能控制改变的只是此时此刻的心念、语言和行为。过去和未来的东西都虚无缥缈，只有当下才是真实的。因此，一个人的生命不管能否长久，生命的过程都应该是丰富多彩的，无论人的生命长久与短暂，人生的道路应该是宽阔有风景的，享受过程应该是愉快幸福的。

人生的道路是由心来描绘的

前面，我们已经提及，欲望是人性中重要的一个方面，欲望是个宝，关键是看我们有没有放错地方。合理的欲望是能激发我们积极向上，能催人奋进。的确，喷泉的高度不会超过它的源头；一个人的成就不会超过他的信念。不想当将军的士兵不是好士兵，如果我们想让行动领先一步，梦想就必须超前一些。伟大而卓越的人，之所以能够永无止境地创造和超越卓越，就在于他们拒绝接受平庸，他们追求卓越，所以他们功成名就。

的确，我们的现人生是怎样的，就取决于内心的愿望和渴望。有梦想的人，可以化渺小为伟大，化平庸为神奇。

现代社会的人们，如果你想活出一个不平凡的人生，如果你想成为一个成功的人，那么从现在起，就要有成为成功者的欲望，就要尽早为自己树立一个足以为之奋斗的理想吧！一个连想都不敢想的人又怎么会成功呢？

美国钢铁大王卡内基，少年时代从英格兰移民到美国，当时真是穷透了，正是"我一定要成为大富豪！"这样的信念，使得他于19世纪末在钢铁行业大显身手，而后涉足铁路、石油，成为商界巨富。洛克菲勒、摩根也都是满怀欲望，并以欲望为原动力，成为资本主义初期美国经济的胜利者。

理想影响行动，行动影响结果，这是一连串的因果效应。想成功，自然也要有超前的理想和信念。而年轻就是力量，就是希望，这句话不假，那么你还在担心什么呢？无论做什么，即使失败了，还有机会重新开始。

的确，如果在刚开始时心中就怀有一个高的目标，意味着从一开始你就知道自己的目的地在哪里，以及自己现在在哪里。朝着自己的目标前进，至少可以肯定，你迈出的每一步方向都是正确的。一开始时心中就怀有最终目标会让你逐渐形成一种良好的工作方法，养成一种理性的判断法则和工作习惯。如果一开始心中就怀有最终目标，就会呈现出与众不同的眼界。有了一个高的奋斗目标，你的人生也就成功了一半。如果思想苍白、格调低下，那么生活质量也就趋于低劣；反之，生活则多姿多彩，尽享人生乐趣。

为自己编织一个伟大的梦想吧，也许你会说，现在每天的生活已经平淡无奇甚至被要强度的工作压得精疲力尽了，梦想早就已经化为云烟随风远去了。但请记住，能用自己的力量去创造自己美好人生的人，一定拥有美好的梦想和超过自身能力的愿望。

的确，生活中，很多人也充满理想，但一旦把自己的理想和现实联系起来的时候，他们就退却了，就认为不可能，而这种"不可能"，一旦驻扎在心头，就无时无刻不在侵蚀着他们的意志和理想，许多本来能被他们把握的机遇也便在这"不可能"中悄然逝去。其实，这些"不可能"大多是人们的一种想象，只要你能拿出勇气主动出击，那些"不可能"就会变成"可能"。

总之，如果你想实现卓越，活出一个不平凡的人生，那么，一切还来得及，从现在起，就尽早为自己树立一个足以为之奋斗的理想吧。

第 03 章

立即行动，
让欲望助你产生前进的动力

　　生活中，我们发现，那些成功者大多有一个共同特征，他们都有着积极进取的决心，他们不甘于现状，而正是出于改变的"欲望"，"想"做才能真正去做，他们朝着自己想要的人生进发，最终实现了自己的人生梦想。同样，生活中的人们，如果你觉得现在的人生还留有遗憾，不是你想要的，不妨递给它一份辞呈，重新去找寻自己想要的人生吧！

你所谓的稳定，不过是在浪费生命

生活中，我们每个人都有自己的梦想，然而，实现梦想的人毕竟是极少一部分人，大部分人与成功无缘，这是因为他们无法承担追求梦想带来的困难和痛苦，就追求安稳的生活，每天两点一线，上班、回家，回家、上班，逐渐对梦想失去激情，而当他们看到他人风光无限或是衣食富足时，又嫉妒得要命。而其实，这些人口中的"稳定"，不过是在浪费生命而已，天上不会掉馅饼，即使掉了也不一定会砸到你的头上，凡事有因才有果，你付出了才能有回报，甘于现状、不思进取却又企望富贵发达，这就是白日做梦。

从这一角度看，我们还是应该有点欲望，这样，在欲望的驱使下，我们才能产生奋进的动力，才不至于在安乐窝中浪费生命。

事实上，很多成功人士并不是一开始就是含着金钥匙出生的，而是从做很卑微的工作开始，脚踏实地，一步步走向成功的，如果没有当初的改变，那么这些成功者也只能是在温饱线上挣扎的人。同样，对于生活中的我们来说，人生路上，任何一段拼搏的旅程，都是从勇于改变现状开始的。

其实，很多时候，消除恐惧的方法只是做个痛快的决定，只要想做，并坚信自己能成功，那么你就能做成。

小胡今年二十八岁了，刚开始结婚那几年，她是幸福的。她本来以为找个好人家把自己嫁出去，往后的生活会围绕着丈夫与孩子团团转，一辈子也就这样了。但是，当她真的成家以后，却经常感到很迷茫，觉得浑身不自在。

更让她感到糟糕的是，婚后的丈夫也好像变了，找了份安稳的工作后，就变得不思进取，每天下班回家后就是打扑克、泡酒吧，这让她打心眼里嫌弃丈夫的安于现状，再加上家里的经济条件并不十分宽裕，因此她很不开心，时常唉声叹气。

一个星期天，小胡的一个闺蜜邀她出去喝咖啡，小胡就借此机会诉说心里的烦恼，埋怨自己嫁错了人。好友善意地提醒她："如果你总想着让老公多赚外快，增加收入，那么你恐怕很难感到快乐。既然你自己有理想、有能力，为什么不干脆自己创业或者努力工作呢？"这番话点醒了小胡，她仔细一想，觉得好友的话十分在理，于是她开始留意身边的各种机会。

半个月后，邻居准备转让一家餐馆，她就动了心思，打算把餐馆接过来。当时，丈夫和婆婆都不同意，觉得她一个女人能干成什么事。再说，她也缺乏经营经验，而且事情太繁杂，怕她遭罪。但小胡坚持接了下来。很快，因为经营有道，她的生意立刻就有了起色。

尤其让她感到高兴的是，因为她打开了自己人生的新局面，丈夫也不再游手好闲，时常来帮她招待客人，管理餐馆的大小事务。丈夫在工作中也开始奋发向上。丈夫常感激她，说她让他自己找准了人生方向，就像周华健唱的那首歌——"若不是因为你，我依然在风雨里飘来荡去，我早已经放弃……"

如今的他们，在生活中能够互相交流自己的想法和意见，感情也越发融洽了。

这就是一个聪明女人不甘于现状，用自己的能力改变现状的典范。刚开始，她围着丈夫和孩子转，她原本以为这就是幸福，但实际上，这并不是她要的生活，她很快发现自己过得并不快乐，在闺蜜的提点下，她很快找到了努力的目标。事实证明，她有能力经营好自己的事业、自己的幸福，她与丈夫的感情也比以前更加亲密、融洽了。

据社会学专家预测，未来的社会将变成一个复杂的、充满不确定性的高风险社会，如果人类自由行动的能力总在不断增强的话，那么不确定性也会不断增大。生活中的人们，你应该意识到，各种变化已经在我们身边悄然出现，勇敢地投身于其中的人也越来越多了，而如果你不积极行动起来，缺乏竞争意识、忧患意识，安于现状、不思进取，如果你还没被惊醒的话，就会被时代所抛弃，被那些敢于冒险的人远远甩在后面。当然，现阶段，你应该把眼光重点放在培养自己的进取精神上。

当然，我们每个人都应该明白一个道理，说一尺不如行一寸，也只有行动才能缩短自己与目标之间的距离，只有行动才能把理想变为现实。成功人士都把少说话、多做事奉为行动的准则，通过脚踏实地的行动，达成内心的愿望。但任何行动，如果没有一个明确的指引方向，都是无意义的。

诚然，我们都渴望成功，都有自己的梦想，但梦想并不是参天大树，而是一颗小种子，需要你去播种，去耕耘；梦想不是一片沃土，而是一片蛮荒之地，需要你在上面栽种上绿色。如果你要想成为社会的有用之材，你就要"闻鸡起舞"，甚至"笨鸟先飞"；如果你想著作出精神之作，就需要你呕心沥血……梦想的成功是建立在阶段性的目标的基础上的，需要以奋斗为基石，如果你要实现你心中的那个梦想，就行动起来吧，去为之努力，为之奋斗，这样你的理想才会实现，才会成为现实。

为自己寻找一个积极而有意义的目标

生活中的人们，你是否觉得现在的自己正在从事一份很无聊的工作，每天上班也只是为了坐等下班，觉得自己的工作毫无成就感？如果是这样，你必须重新审视自己，如果你对这项工作真的提不起兴趣，那么你就要为自己重新寻找一个积极而有意义的目标。

前面，我们已经提出，人的欲望具有双重影响，合理的欲望是我们人生的助推器，催人奋进，从这一点看，我们要肯定欲望的积极作用，事实上，那些在事业上做出一番成就的人，无不是对成功有着强烈的欲望。而从心理学的角度看，人的行为是受心理影响和支配的，心里有欲望，行动才有动力。

曾经有人以医院的清洁工为研究对象进行了一项研究，在被研究的两组人中，一组觉得自己的工作很枯燥、乏味、没意义，他们得过且过，而另一组人则对工作很投入，他们把医院打扫得很干净，他们经常和护士、病人交谈，为此，他们觉得自己的工作很有意义，也获取了很多的快乐。

哈佛教授本·沙哈尔曾说："一个幸福的人，必须有可以带来快乐和意义的目标，然后为之努力，真正快乐的人，会在自己认为有意义的生活里，享受它的点点滴滴。"在哈佛的课堂上，在谈到工作问题时，教授本·沙哈尔笃定地告诉学生："一个在工作中找到意义与快乐的投资家，一个出于正确动机的商人，绝对要比一个心不在焉的和尚，高尚和有意义得多。"哈佛学生毕业之后，都会记住教授的话，并且，他们都会把自己的工作当成使命来完成，他们会对工作投入百分之百的热情，而这也是为什么哈佛人能成功的原因之一。

在年轻人梦寐以求的微软公司，曾有一个临时清洁女工升职成正式职工的故事：

她是办公楼里雇佣的临时清洁女工，在整座办公大楼里，有好几百名雇员，但她的工资最低、学历最低甚至几乎没有什么学历、工作量最大，而她却是最快乐的人！

每一天，她来得最早，然后面带微笑，开始工作，对任何人的要求，哪怕不是自己工作范围之内的，也都愉快并努力地跑去帮忙。周围的同事都被她感染了，有很多人成了她的好朋友，甚至包括那些被大家公认为冷漠的人，没有人在意她的工作性质和地位。她的热情就像一团火焰，慢慢地整办公楼都在她的影响下快乐了起来。

盖茨很惊异，就忍不住问她："能否告诉我，是什么让您如此开心地面对每一天呢？""因为我热爱这份工作！"女清洁工自豪地说，"我没有什么知识，我很感激企业能给我这份工作，可以让我有不菲的收入，足够支持我的女儿读完大学。而我对这美好现实唯一可以回报的，就是尽一切可能把工作做好，一想到这些，我就非常开心。"

盖茨被女清洁工那种热爱工作的态度深深地打动了："那么，您有没有兴趣成为我们当中正式的一员呢？我想你是微软最需要的。""当然，那可是我最大的梦想啊！"女清洁工睁大眼睛说道。

此后，她开始用工作的闲暇时间学习计算机知识，而企业里的任何人都乐意帮助她，几个月以后，她真的成了微软的一名正式雇员。

这名女清洁工是怎么获得成长的？因为她对当下的工作的热爱和对计算机知识的渴望，而正是这一"欲望"，让她能以正确的心态去面对工作，不是怨天尤人，不是得过且过，而是以一种积极的、向上的心去感染周围的每个人。

的确，在为自己的目标奋斗的过程才是真正让我们感到幸福的，另外，这个目标必须还是积极的，是能带动我们的产生积极心态的。当然，我们依然需要重视当下，重视生活，工作中的每一件事，认真做好当下的事，并完善你做事的每一个细节。因为没有小，就没有大；没有低级，就没有高级。每天那些点滴的小事中都蕴含着丰富的机遇，伟大的成就都来自每天的积累，无数的细节就能改变生活。

可见，幸福是与快乐和积极的目标联系在一起的，一个幸福的人，必当有着一个能给自己带来快乐和意义的目标。

拒绝平庸，绝不要敷衍的人生

有人说，世界就如同一个棋盘，而人就像一个"卒"，冲过"楚河汉界"之后方可一往无前，实现自己的人生价值。的确，每个人都被一个无形的界限约束着，限制着，一些平庸的人不敢突破界限，只是规规矩矩在界内生活、工作，最终也只是碌碌无为。而有的人却敢于突破界限，这是因为他们对成功，对未来的美好生活有着强烈的欲望，在欲望的激励下，他们敢于摆脱那些繁文缛节的束缚，因而他们也欣赏到了界外不一样的风景，领略了界外不一样的精彩，活出了非同寻常的精彩人生。

在我们的身边，我们常常听到一些庸庸碌碌的人感叹命运的不好，他们总习惯于把自己的艰难归咎于命运，其实，世上真正的救世主不是别人，而是自己。你完全可以摆脱曾经消极的想法，成为一个积极向上的人，培养自己的热忱，找到自己的目标，我们就能为现在的自己做一个准确的定位，现在一家外企做人力资源主管的乔治的一次经历，或许可以给我们一些启示。

我刚应聘到这家公司供职时，曾接受过一次别开生面的强化训练。

那是在青岛的海滨度假村，我和同伴们沉浸在飘忽而又幽婉的轻音乐声里，指导老师发给每人一张 16 开的白纸和一支圆珠笔。这时，主训师已在一面书写板上画了一个大大的心形图案，并在图案里面写上了三个字：我无法……

然后，要求每个成员在自己画好的心形图案里至少写出三句"我无法做到的……我无法实现的……我无法完成的……"，再反复大声地读给自己、读给周围的伙伴们听。

我很快写出三条：

我无法孝敬年迈的父母！

我无法实现梦寐以求的人生理想！

我无法兑现诸多美好愿望！

接着，我就大声地读了起来，越读越无奈，越读越悲哀，越读越迷茫……在已变得有些苍凉的音乐里，我竟备感压抑和委屈，泪眼模糊起来。

就在这时，主训师却把写字板上的"我无法"改成了"我不要"，并要求每位成员把自己原来所有的"我无法"三个字划掉，全改成"我不要"，继续读。

于是，我又接着反复地读下去：

我不要孝敬年迈的父母！

我不要实现梦寐以求的人生理想！

我不要兑现诸多美好的愿望！

结果，越读越别扭，越读越不对劲儿，越读越感到自责和警醒……

在轰然响起的《命运交响曲》里，我终于觉悟到：我原来所谓的许多"我无法……"其实是自己"不要"啊！

而此时，主训师又把"我不要"改成了"我一定要"，同样要求每位成员把各自的所有"我不要"三个字划掉，全改成"我一定要"，继续读。

我一定要孝敬年迈的父母！

我一定要实现梦寐以求的人生理想！

我一定要兑现诸多美好愿望！

越读越起劲儿，越读越振奋，越读越有一种顿悟后的紧迫感……在悠然响起的激荡人心的歌曲里，我豪情满怀，忽然有一种天高路远跃跃欲试的感觉和欲望。

真正改变人生的，往往就是我们的态度。甘于平庸，最终也只能沦为平庸。西点有句话说得好，"要把命运掌握在自己手里"。他们认为，如果一味地将自己的命运交由别人主宰，在逃避掉所有的责任与打击的同时，我们还将失去作为一个人的自信以及依靠自己努力获得成功之后的幸福感和成就感。

因此，生活中，我们任何一个人都应该明白，最大的危险不在于别人，而在于自身。如果你总是意志消沉、不思进取，那么即使曾经的他有再大的雄心和勇气，也会被抹杀，他最终也会滞足不前，一生碌碌无为。我们只有不甘于平庸，为自己的人生负责，做与众不同的人，才有可能触及理想与幸福。

实际上，从平庸到优秀只有一步之遥，但有的人终其一生也无法跨越。只有当你产生强烈的成功的欲望，才能做到拒绝平庸，才能做到卓越。有了尽最大的努力把事情做好的志向，不断对自己提出严格的高标准，你就会赢得别人的尊敬，做出令人吃惊的成绩。

眼光长远，从现在开始就经营你的未来

我们都知道，五年的时间不算短，你能从学生变成一名成熟的社会人士，你能掌握精湛的技术，但前提是你必须要有梦想和目标。在当今，如果注意力仅仅盯着眼前的薪水，满足于手头的工作，而不去提升自己的能力，去发现更辽阔的天空，我们又怎能在未来为自己赢得一片天地呢？

我们先来假设一下，有两个年轻人，他们能力不相上下，也都一无所有，一个年轻人总是积极向上、每天干劲十足、努力充实自己，每每遇到挫折，他必然鼓励自己不能消极；另外一个年轻人，他目标模糊、满足于现状、每天浑浑噩噩、得过且过。想象一下，五年后，他们会有什么不同？

的确，尽管只是五年的时间，他们的差距已经显现出来了，前者通过自己的奋斗，已经小有财富，做人办事顺风顺水，事业越做越大、春风得意；而后者，稍微遇到一些问题，便慨叹自己解决不了，每天活在抱怨中，常常为生计、金钱而苦恼。

这两种人，你想做哪种？当然是第一种！任何人，要想实现自己的梦想，要想过上自己喜欢的生活，都要有奋进的欲望，但是如果你现在还不开始努力的话，一切都是空谈。

任何一个有一番作为的人，无不是认识到了只有努力才能改变现在的状态，只有努力才能营造出美好的五年，其实，只要你从现在开始就努力，只需要五年的时间，你的生活和生存状态就会发生翻天覆地的变化。我们再来看下面的一个故事。

杰斐逊是一名普通的汽车修理工，靠这份工作勉强维持生活，但是他的目标并不在此，他希望自己能拥有一份更好的工作。

一次，他打听到，汽车城底特律正在招聘员工，他心想，可以前去试试。当时招工启事上所写的招聘日期是星期一，所以他在前一天下午就到了底特律城。

晚饭后，一个人待在旅店里，他突然静下心来，开始想到很多事，很多过去经历的事像电影般在脑海中播放了一遍。突然间，他感到一种莫名的烦恼，他自认为自己头脑灵活、做事勤快，为什么到现在却一事无成呢？

接下来，他从包里拿出来纸笔，然后写下了几个人的名字，这些人和自己年纪相仿、认识已久，关键是比自己优秀，其中他两位曾是他的邻居，而如今却搬到富人区去了，还有两位是他以前的老板。

他扪心自问：与这几个人相比，到底自己在哪方面不如他们？自己真的笨吗？倒不尽然，经过很长一段时间的反思后，他找到了问题的症结在哪——自己性格情绪的缺陷。他承认，在这一方面，自己确实不如他们。

想着想着，时间过去，竟然已经到了凌晨的三点多了，他却越发睡不着，他觉得这些年来，他第一次认清了自己，看到了自己致命的缺点：很多时候不能控制自己的情绪的缺陷，例如爱冲动、自卑，不能平等地与人交往等。

所以，他为这一问题检讨了自己一晚上，他才发现，自己原来是一个极不自信、妄自菲薄、不思进取、得过且过的人，他总是认为自己无法成功，也从不认为能够改变自己的性格缺陷。

最终，他下定决心，从那一刻开始，绝对不会再自贬身价，认为自己不如人了，只有先完善自己的性格缺陷，才有可能变得优秀。

第二天一大早，他抬头挺胸来到了这家公司，信心满满地前去面试，顺利地被录用了。在他看来，之所以能有这样一个工作机会，就是因为头一天晚上他做了自我检讨并认识到了自信的重要。

在走马上任的两年内，杰斐逊逐渐变成了一个受大家欢迎而且能力出众的人，大家都喜欢这样一个乐观、自信和积极热情的人，两年后，他加了薪水，又升了职，成为一个小有成就的人。

生活中，很多人像曾经的杰斐逊一样，忙忙碌碌，日复一日，固定的生活模式成了一种必然，但成功却没有青睐他们，为什么会这样呢？之所以造成这种结果，很大一部分原因在于我们的目光看得不够远。

俗话说，精明的人看得懂，高明的人看得远。对于那些身处职场的人来说，即便你从财务那里领到的薪水再多，也是来源于老板的，而那些看得远的人则不仅看到自己的薪水，更懂得经营自己的未来，让财路源源不断。

可能很多人一直感叹于他人的成功，也很容易想象自己勇敢的时候是什么样子。但是当突然需要他们拿出勇气时，他们却有点不知所措：他们其实一点也不勇敢，他们还会因为恐惧而感到厌恶自己。我们甚至可以用"意志薄弱""两腿打颤""脚底发凉"以及"战战兢兢"等词语来描述他们畏惧时的心态。事实上，我们每个人人生路都需要勇气，但却因为畏惧而退缩了，这才是人生的悲剧。去做你所恐惧的事，这是克服恐惧的一大良方。

为什么要抱怨，抱怨不如改变

生活中，我们常常听到一些人抱怨"哎！每天都在重复这些工作，真是浪费生命！""为什么每次都让我去处理这些事情！""什么时候才能给我涨点工资呢"……他们对工作似乎就一点也不满意，而实际上，你在抱怨不满时，应该适当地反省：为什么自己会有这样那样的不满？是不是因为自己做得不够好？从这些方面来说，对现状不满，才能让你产生努力寻求改变的欲望，所以，欲望也可以作为一个加速器，加速自己的成功。只要你能够通过抱怨看到自己的缺点，你就会进步。

事实上，聪明人懂得通过抱怨来反省自己，接纳生活，让生活变得更美好。抱怨自己的人，看到自己的缺点，一定会更加努力。

同样，处于某种环境下的人们，当你因为抱怨环境太糟糕而一味地拖延的时候，为何不选择通过立即行动来改变自己呢？为何抱怨工作环境不好、薪水不高、老板不够和蔼呢？为何不反思自己是否做得已经到位、是否有着高效的执行力呢？

我们先来看下面一个故事：

在美国的一所小学里，有这样一个班级，这个班级的学生比较特别，他们一共有 26 个人，都是失足的孩子，他们有的进过少管所，有的吸过毒，总是让老师和家长失望透顶。

在这个班级成立后，一位叫菲拉的女老师接手了。在她给学生们上的第一节上，她并没有如人们想象的那样整顿班级纪律，而是在黑板上给孩子们出了一道选择题。让孩子们根据自己的判断选出一位在后来能够造福于人类的人。她列出 3 个候选人：

A. 笃信巫医，他有多年的吸烟史，嗜酒如命，还有两个情妇；

B. 有正经工作，但却不珍惜，每天睡到中午才起床，钟爱酒精，每天都呕喝一斤多的酒，还吸食过毒品；

C. 曾有过辉煌的历史：是国家的战斗英雄，不吸烟喝酒、坚持食素，从不违法。

结果大家都选择 C。

菲拉公布答案，A 是富兰克林·罗斯福，连续担任过四届美国总统；B 是温斯顿·邱吉尔，英国历史上最著名的首相；C 是阿道夫·希特勒，法西斯恶魔。

孩子们看呆了，不明白为什么结果会是这样，接下来，菲拉满怀激情地告诉大家：

"孩子们，一个人，无论他的过去是荣誉还是耻辱也好，那只能代表过去，最重要的是他的现在和将来，只要你从现在开始决定做你想成为的人并为之努力，你就能成为一个了不起的人。"

菲拉的这番话，改变了这 26 个孩子一生的命运。其中，就有今天华尔街最年轻的基金经理人——罗伯特·哈里森！

的确，菲拉教师的话是正确的，过去的生活，不管如何辉煌和黯淡，都随着时光如流水般逝去。要知道，羁绊于过去，是很难洒脱地走向美好的明天的。一个人，只有学会放下对环境的坏情绪，适应环境，才能有意识地改变自己，最终改变命运。

在现代企业里，总是有一些人对待工作抱有消极倦怠的态度，对待工作内容总是能拖就拖，要问到为何不积极工作，他会反驳："底层员工，就这么点薪水，没热情努力工作。"那么，既然如此，为何不努力工作成为你羡慕的高层管理者？再比如，一些人抱怨自己经济能力差所以没有去找女朋友，那么为何不努力改善经济状况？其实，归根结底我们还是要记住一句话：你改变不了环境，但你可以改变自己；你改变不了事实，但你可以改变态度。

当然，勇于尝试需要人们有一种开拓进取的精神，鲁迅先生曾经说过，其实地上本没有路，走的人多了，也便成了路。所以他十分赞赏"第一个吃螃蟹的人"，那些在人类前进道路上披荆斩棘的人。

有两个都想过富裕生活的人，其中一位是学富五车的教授，另一位是目不识丁的文盲，两个人是邻居，为了共同的目标经常一起聊天。每次，教授都滔滔不绝地讲他的致富理论，各种办法层出不穷；那位文盲也不多说，只是认真地听，并且不停地照教授的办法去行动。

过了几年，文盲当真成为了百万富翁，教授却还是原地踏步，只是没忘了继续他的高谈阔论。

这个故事同样说明：坐而言不如起而行。一个人，只有立即行动起来，才能真正创造价值，继而持续行动，获得成功。

总之，任何不满意现状的人都需要明白一点：你只是缺乏改变现状的欲望，与其抱怨，不如改变，正如一句名言所说的："如果你认为你处在恶劣的环境中，那么请好好地修炼，练好内功，等待爆发的日子。"

第 04 章

尽早立志，
你今天的生活是你昨天的"欲望"

　　人们常说，梦有多大，舞台就有多大，成功者因志向而伟大，有志向才有力量，才有拼搏的动力。而这里的志向就是对成功的欲望，有欲望才有奋斗的激情，我们可以说，对于任何人来说，你今天的生活是你昨天的欲望，同样，现代社会，需要的正是目标高远、行胜于言的人才，因此，我们任何一个人，无论是工作、学习还是生活，都应为自己树立一个明确的目标，并不断追求，绝不能自我设限，只有这样，才能摄取成功的果实，才能朝着更高的方向迈进！

人生定位将决定人的一生

我们都知道，任何一个对成功有欲望的人，一定都有一个明确的奋斗目标，他懂得自己活着是为了什么。因而他的所有的努力，从整体上来说都能围绕一个比较长远的目标进行，他知道自己怎样做是正确的、有用的，否则就是做了无用功，或者浪费了时间和生命。显然，成功者总是那些有目标的人，鲜花和荣誉从来不会降临到那些没有目标的人的头上。

因此，我们只有从现在起，树立一个细致、明确的目标并为之努力、奋斗，你才会认识到体内所蕴藏的巨大能力，才能最终实现自己的理想。

有欲望才有目标，有目标，内心的力量和头脑的智慧才会找到方向。目标是对于所期望成就的事业的真正决心。如果一个人没有目标，就只能在人生的旅途上徘徊，永远到不了任何地方。正如空气对于生命一样，目标对于成功也有绝对的必要。如果没有空气，人就不能生存；如果没有目标，没有任何人能成功。

在很多对成功有着强烈的欲望的人眼里，石油大王洛克菲勒也是他们学习的榜样。他能从一无所有到拥有自己的商业帝国是一个传奇，但事实上，这却是他持之以恒、积极奋斗的回报，是命运之神对他艰苦付出的奖赏。他曾经对自己的儿子说过这样一句话："我们的命运由我们的行动决定，而绝非完全由我们的出生决定。"生活中的人们，我们需要记住的是，一个人的命运如何，是掌握在自己手里的，出身只能决定我们的起点，不能决定我们的终点，对此，洛克菲勒的人生轨迹可以加以证明：

幼年时的他就开始随着父母过着动荡不安的生活，他们总是搬迁。到他 11 岁时，父亲因一桩诉讼案而出逃。此后，年仅 11 岁的洛克菲勒就担起了家里生活的重担。

后来，对知识的渴望，让他在商业专科学校学习了三个月，在学会了会计和银行学之后，就辍学了。

出了学校的洛克菲勒，刚开始在休伊特·塔特尔公司做会计助理。在工作中，他始终不忘学习。每次，当休伊特和塔特尔讨论有关出纳的问题时，洛克菲勒总是认真倾听，从中汲取知识。另外，洛克菲勒在这家公司从业期间，为公司带来不少效益，赢得了老板的赏识。

洛克菲勒很细心，每次在公司交水电费的时候，洛克菲勒都要逐项核查后才付款。而老板只看总金额，这让洛克菲勒很快取得了老板的信任。

又有一次，公司高价购买的大理石有瑕疵，洛克菲勒巧妙地为公司索回赔偿。休伊特很欣赏他，就给他加了薪。

后来，洛克菲勒从一则新闻报道中得知由于气候原因英国农作物大面积减产。于是他建议老板大量收购粮食和火腿，老板听从了他的建议。公司因此而获取了巨额的利润。

成绩斐然的洛克菲勒要求加薪，遭到了休伊特的拒绝。于是，洛克菲勒离开公司决定自己创业。洛克菲勒只有 800 美元，而创办一家谷物牧草经纪公司至少也得 4000 美元。于是他和克拉克合伙创业，每人各出 2000 美元。洛克菲勒想办法又筹集了 1200 美元，才凑够了 2000 美元。这一年，美国中西部遭受了霜灾，农民要求以来年的谷物作抵押，请求洛克菲勒的公司为他们支付定金。公司没有那么多资金，洛克菲勒从银行贷款，满足了农民的需要。经过一年的苦心经营，获利4000美元。

而洛克菲勒的成就是，洛克菲勒中心的53层摩天大楼坐落在美国纽约第五大道上。这里也是标准石油公司的所在地。标准石油公司创立之初（1870年）仅有5个人，而今天该公司拥有股东30万名，油轮500多艘，年收入已达五六百亿美元，可以说，这里的一举一动牵动着国际石油市场的每一根神经。

洛克菲勒的人生就是从一个周薪只有5美元的簿记员开始的，但经由不懈的奋斗却建立了一个令人艳羡的石油王国。洛克菲勒的成功并不是一个神话，他只是更懂得命运需要用行动和智慧来经营，他有一双发现机会的慧眼。他从为别人打工开始，就显示出了与众不同的智慧。

这个真实的故事再次使我们坚信：一个人如果期待成功，对成功有着强烈的欲望，并尽早立志，然后坚持不懈地为之努力，那么他一定会是一位成功的人。

可能有些人会认为自己年纪尚轻，立志为时尚早，而实际上，一个人只有尽早树立目标，才能尽早付诸行动，才能找到努力的方向。因为目标不会凭空实现，不采取具体步骤，就不可能产生任何结果。

任何人都要记住，人立志，一定要趁早，一个人，没有目标，就像断了线的风筝，不知前方的路该怎么走；一个人，没有目标，就像一艘没有舵的轮船，只能随波逐流。

你能看多远，便能走多远

自古以来，无论是个人还是组织，凡能成大事者，不仅仅有雄韬大略，更有一个指导行动的信念和理想；理想是指导行动的，伟大而卓越的人，之所以能够永无止境地创造和超越卓越，就在于他们拒绝接受平庸，正是因为有这样的欲望，他们追求卓越，所以他们功成名就。也就是说，生活中的人们，如果你想让行动领先一步，理想就必须超前一些。

1969 年，在美国俄亥俄州，出现了一家新的汉堡餐厅——温迪快餐店（Wendy's），这家店的老板名叫迪布·汤姆斯，汉堡店是以她女儿的名字命名的，而在当时的美国，大型连锁的快餐店——肯德基、麦当劳等已经比比皆是，所以，温迪快餐店只不过是一家名不见经传的小店而已，但这并不会使迪布·汤姆斯气馁，一开始，他就告诉自己，一定要超过这几大品牌。

在整个 20 世纪 80 年代，他都没有找到更好的就会，但是细心且努力的他终于找到了麦当劳在营销过程中的漏洞——麦当劳号称有 4 盎司汉堡包的肉馅，而重量从来就没超过 3 盎司，而正是利用这一点，他成功借助广告打败了麦当劳。

因此，他的目标达到了，凭借几十年朝着目标的努力，温迪的营业额年年上升，1990 年达到了 37 亿美元，发展了 3200 多家连锁店，在美国的市场份额也上升到了 15%。直逼麦当劳坐上了美国快餐业的第三把交椅。

迪布·汤姆斯为什么能成功？可以说，他的成功正是对目标管理的成功，刚开始，他的目标就是麦当劳，朝着这一目标，我们发现，他努力的方向变得逐渐明朗，离成功的脚步也逐渐近了。的确，世上被称为天才的人，肯定比实际上成就天才事业的人要多得多。为什么许多人一事无成？就是因为他们缺少雄心勃勃、排除万难、迈向成功的动力，不敢为自己制定一个高远的奋斗目标。不管一个人有多么超群的能力，如果缺少一个认定的高远目标，他将一事无成。设定一个高目标，就等于达到了目标的一部分。

可以说，迪布·汤姆斯的成功不仅说明了一个远大的目标对个人奋斗历程的重要性，更说明了一个企业是否能顺利成长，是否能经久不衰，也与之有密切的关系。

从现在起，你只需树立一个正确的理念，并调动你所有的潜能并加以运用，努力提升自己的能力，便能带你脱离平庸的人群，为未来步入精英的行列之中而打好基础！

总之，理想产生欲望，欲望影响行动，行动影响结果，这是一连串的因果效应。想成功，自然也要有超前的理想和信念。而思维就是力量，就是希望，这是至理名言，那么你还在担心什么呢？无论做什么，即使失败了，还有机会重新开始。

深谋远虑，让每一个行动都有意义

古人云："凡事预则立，不预则废。"大到国家，小到个人，做任何事都必须要有计划性，只有做到缜密行事、步步为营，才能让成功多一分胜算，大凡要把一件事情做好，一般都要经历资料收集、深入调查、分析研究、最终下结论这样一个过程。生活中的人们，在做决策之前，一定要反复思考，思维要有远见，才能提高成功的可能性。

前面，我们认可了欲望对于行动的激励作用，然而，我们绝不可被欲望控制，事实上，被欲望掌控是短视的表现，举个简单的例子，在现实工作中，小到一个职员，大到一个公司，都需要有长远的打算，如果你只着眼于眼前的小恩小惠，那迟早有一天你将被利益所吞噬，同时职场生涯也宣告结束。其实，即便是工作也不能含糊，对于这样一件事情也需要你的谋算，将自己的眼光放得更长远一些，不为眼前的小事所累，把持住自己，这样你的职场之路才会走得更远。

石油大王洛克菲勒曾说："没有想好最后一步，就永远不要迈出第一步。"这就是一种思维的远见性。在生活中，我们也常听老人说："做事之前就要想到后面四步。"其实，向前每走一步，我们都需要相应对的方法，如果不能看得那么远，至少我们需要看见一步。

的确，我们做任何事，不仅需要稳当、周全，而且，不要急于求成，更不要被眼前的小事所累。在时机未成熟之前，你一定要把持住自己。一个成大事的人，眼光总是比身边的人看得稍远一点。

著名的美孚公司曾做了一次赔本买卖，可是从最后的结果来看，它虽然放弃了眼前的利益却收获了长远的发展，小利变大利、利滚利、利翻利，先前看似赔本的买卖，最终却收获了高额的利润。这是一种商业中的计谋，也是每一个人需要的智慧。有时候，之所以需要我们学会自控，不要被眼前小事影响，其实是为了以后更长远的发展。

因此，我们每个人，纵使你认为自己智慧超群，但也应有意识地训练自己的思维，凡事多考虑，尽量做到思虑周全，能帮你少走很多弯路。

然而，我们发现，生活中，有这样一些人，他们大大咧咧，改变不了毛手毛脚的毛病，思考问题时，思路紊乱，东拉西扯，始终是稀里糊涂；生活中也是粗枝大叶。而结果只能是，事情做不到尽善尽美。千里之堤溃于蚁穴，如果我们做不到善于思考，那么哪怕只是一些细节问题，也可能导致全局上的失败。

的确，思维指导行动，如果思虑不周全，那么就好比一个机器上的关键零件出现故障，结果就意味着全盘皆输。

那么，生活中的人们，该如何做到善于思考，稳健走好每一步呢？

首先，你并不需要建立长期计划，做好当下的事。

那么，为什么不建立长期计划呢？生活中，有些人说自己能预见未来，这当然是谎言，也会失败。因为无论对于未来的预计多么精细，都无法将一些不可知因素囊括在内，在遇到一些问题时，就不得不改变计划，或者对其进行相应的调整，甚至在某些情况下，你需要无奈地放弃预期的计划。

其次，要勤于思考。

思维的力量是巨大的，但人的大脑就如同一台机器，长时间不使用，它的工作能力就会下降甚至不适用。因此，要有智慧，就要有一颗善于思考的头脑。真正的"有头脑"，指的是善思考、勤实践，有思想、智慧、远见、卓识和才干。一个人虽然长着脑袋，但若不善用脑袋，没有思想、智慧、远见、卓识和本领，是不能算是有头脑的。

最后，做任何事都要制定完善的计划和标准。

要想把事情做到最好，你必须在心中为自己设定一个严格的标准，并且在做事时，你一定要按照这个标准来执行，绝不能马虎；另外，在做任何一项决策前，一定要思虑周全，并进行广泛的调查论证，广泛征求意见，尽量把可能发生的情况考虑进去，以尽可能避免出现1%的漏洞，直至达到预期效果。

每一刻都是关键，都能影响生命的过程。在下决心之前，不需要太急促，遇到重要问题时，如果没有想好最后一步，就永远不要迈出第一步，要相信总有时间思考问题，也总有时间付诸行动，要有促进计划成熟的耐心。

但一旦做出决定，就要像一个斗士那样，忠实地去执行。

追随别人只能迷失自己

人们常说："没有人能随随便便成功"，的确任何一个成功者的故事无不来自于一个伟大的想法，而这也就是支持梦想的欲望，他们之所以能摘取成功的果实，就是因为他们能坚持自听自己内心真正的声音。

诗人但丁曾说："走自己的路，让别人去说吧。"这句话的含义是，当你认为自己选择的路正确时，请坚持你的选择，别太看重别人怀疑和反对的态度，坚持自我，你会有更大的突破。

任何一个成功的人，他成功的原因并不是都来自于他本人自身的勤奋，还因为他们善于找到一条属于自己的成功路，他们拥有与众不同的思想；而那些失败的人，也并全是因为他不够努力，也因为他人云亦云，总是在走别人的老路。其实，许多事例证明，别人给予你的意见和评价，往往不是正确的。

音乐家贝多芬在拉小提琴时，他宁可拉自己的曲子，也不愿做技巧上的变动，为此，他的老师曾断言他绝不可能在音乐这条道路上有什么成就。

20 世纪最伟大的科学家爱因斯坦 4 岁时才会说话，7 岁才会认字。老师给他的评语是"反应迟钝，不合群，满脑袋不切实际的幻想"。

大文豪托尔斯泰读大学时因成绩太差而被劝退学。老师认为他"既没读书的头脑，又缺乏学习的兴趣"。

如果以上诸位成功人士不是走自己的路，而是被别人的评论所左右，那他们就不会取得举世瞩目的成就。

生活中有成功欲望的人们，如果你还揣着成功梦，那你就必须要有自己的想法。做一个有个性的人，不走寻常路，你才能拥有不同寻常的成功。

我们再来看下面一个故事：

曾经有个叫查德·何塞的哈佛学生，他的名字经常被教授们引用。

理查德是哈佛毕业的高材生，但令别人感到惊讶的是，他并没有和其他毕业生一样就职于某家大企业或者成为某一行业的技术骨干，而是成为了一个出类拔萃的油漆匠。

理查德的父亲也是一位手艺很好的油漆匠，在他年轻的时候，成功偷渡到了洛杉矶，但移民生活是辛苦的，而他正是凭借这一手好手艺在洛杉矶站住了脚，后来，因为一个大赦，他拿到了绿卡，他一家人也就成了名正言顺的美国公民。

理查德是个懂事的孩子，在他很小的时候，为了减轻父亲的工作压力，他常常都会帮父亲干一些油漆活。几年下来，他不但掌握了父亲所有的手艺，还在很多方面都有所创新，这让他的父亲感到很诧异。

理查德在读书方面也表现出了与众不同的天赋，他在学校的成绩一直是前三名，他在社区服务的记录一直是最好的，而且，他还获得过全美中学生美术展油画铜奖，这就使得他轻而易举地被哈佛大学录取了。

在哈佛读本科的四年，理查德虽然成绩一直名列前茅，但他似乎一直忘不了油漆工作，他觉得自己只有在摸油漆的过程中，才是快乐的，为此，一到周末，他就赶紧回家，然后摆弄油漆。

很快，四年大学毕业，他坚持不继续深造，而是在洛杉矶找了一份不错的工作。

理查德在工作中也一直很努力，为此老板嘉奖了他很多次，但他就是忘不了油漆，一次，当老板问及他对公司有什么建设性意见时，理查德不假思索地说："公司经常要把一些零部件拿到外面去油漆，这样，浪费了成本不说，每次油漆的质量也不怎么样，如果公司能成立这样一个专门的油漆部门，那么，这个问题便能很好地解决。"

老板笑着说："这简直太难了吧，买设备倒是小事，但我们去哪里招那些优秀的油漆工呢？"

理查德说："用不着招了，你面前就有一个。"

于是，接下来，理查德道明了自己的想法以及自己过去的经历，他还说，自己想招收一些年轻人，由自己亲手培训。这个想法打动了老板，于是，老板当即决定，成立油漆部，由理查德任经理兼技师。

回家后，理查德兴冲冲地告诉父亲自己提升了。听完儿子的话，老父亲半天没说出话来，他当然反对儿子这么做，但他也知道，自己是阻止不了儿子的。事实证明，理查德是对的，经过几年的经营，这个油漆部的工作非常出色，白宫有些用品都指定在这里加工。

为什么理查德的故事在哈佛大学被广为传诵？因为哈佛希望学生们能明白，一个人只有走自己的路，坚持自己的想法，才能真正走出一条与众不同的康庄大道。

因此，我们每个人都要记住，你的人生是自己的，千万别让他人的意见和看法来左右你。在成长的路上，你不必过于在意别人的看法。那么，如果你所希望走的路与父母的想法相背离时，你是坚持自己的想法还是听从父母的意见呢？如果你与朋友的想法相左时，你又该怎么办呢？其实，此时，如果你认为自己的观点是正确的，那么，你就要坚持。未来社会，相信自己正确，那么，你就敢走自己的路，就能不怕失误、不怕失败，就能成为一个创新型人才。

第 05 章

追随内心，
看清想要的人生

　　哲人曾说："做你想做的事吧，如果你一生都热爱你所做的一件事情，那么你便已经成功了，你的人生有一份自己的答卷。"然而，在我们的人生路上，常常会出现扰乱我们心境的诱惑，我们的欲望太多，想法太多，而如果我们被欲望控制，看不清前方的路，我们很容易陷入混沌的泥沼中，为此，我们要明白一点，我们一定要遵循自己的内心，找到自己的优势，就要追随自己的内心，只有这样，你才能朝着既定的目标奋斗，才能真正获得自己想要的人生。

人生的不同阶段，有不同的任务

我们都知道，人生是短暂的，也是宝贵的，我们若希望自己的人生精彩，就要充分利用短暂的人生、走心中向往的那条路，然而，这并不意味着我们应该为了梦想而放弃所有，我们的一生，远不只是为欲望奔波，事实上，人生在不同的阶段，都有不同的任务，做好每个阶段该做的事，本身就是随心之举。

如果你是父母，好好教育你的孩子，珍惜时间，安排他的早年生活；如果你是年轻人，则要尽早做人生计划，在不同的阶段做不同的事情，遵循自然规律，才能事半功倍。

所以，我们生活中的每个人，都要明白一个道理，对于人生，并不只是欲望的实现，还有生活，一个人的一生在不同的阶段，应该完成不同的人生任务，享受相应的人生乐趣。既不要跨越，也不要耽误。具体来说，我们可以总结出几点：

在童年时候，需要的是启蒙教育，要着重培养乐观的性格和良好的生活习惯，享受童年欢快的时光和温暖的家庭生活，保证儿童的身心健康。

在青少年的时候，记忆力特别好，接受新事物特别快，这个时候是学习的大好时光，培养好的学习习惯，培养健康和广泛的爱好，快速接受各种文化和科学知识，同时在有可能的情况下，多参加各种社会活动，多去旅游，见一见多彩的世界，只要喜欢读书，有条件读书，父母就要支持孩子一直按照自己的兴趣读下去，最好要读完大学，有可能的继续读研究生、博士。

如果这个阶段你缺失了或者虚度了，那么你以后想补，就会耽误下一个时段的任务，就会影响你这个时段的幸福。

到了 20 多岁至 30 岁，年轻人便要走出校门，奔向社会，参加工作，这个时候便要适应工作环境和社会环境，同时开始谈恋爱、结婚成立家庭，在这个年纪，对爱情有一种幻想和追求，不太看重物质条件而更重视感情和共同爱好。

到了成年时代，即 30 岁至 40 岁，有了家庭，有了孩子，更多的是要负担家庭的责任和父母的责任。珍惜和过好家庭生活，并开始培养孩子，这个时候也是年富力强的时候，也要开始积累个人的财富。有的人也选择在这个时候开始创业，因为 30 岁前一般来说社会阅历不够，难以成功，40 岁之后精力和创业动力开始不足。到了 40 岁至 50 多岁，则主要是供孩子读书，积累财产，开始为退休生活做准备。

这本来是一条人生的路，但由于社会的变化，人的观念也跟着变化，开始产生了各种社会问题，比如有的孩子贪玩，家教不严，整天迷恋电脑游戏，到了参加工作的时候，才认识到自己知识的贫乏，找不到好工作，才开始补课学习，这个时候记忆力已经开始下降，加上工作压力和家庭压力，不能集中精神学习，十补九不足，事倍功半。又比如有的青年由于追求事业，或者喜欢单身自由的生活，到了 35 岁或 40 岁才考虑谈恋爱，结婚生孩子，这个时候，已经过了谈恋爱和结婚的年龄，属于那种大龄青年。没有激情，性格也开始变得古怪，挑对象更多的是考虑现实条件，考虑物质生活，有的是为了完成任务。被动式的婚姻往往都不是很圆满。

因此，每一个年龄段，人总是要完成人生之中的一两件重要事情，这是自然规律，是人类经过很多年代的进化而自然形成，不以个人的意志为转移的规律，遵从这个规律，人才能过着健康而快乐的生活，否则的话生活将会混乱不堪，日子将会过得很累。上帝对每个人是公平的，给每个人的机会是均等的，你要按照上帝的旨意，也就是自然规律去工作、去生活。

所以，如果现在的你依然年轻，那么，现阶段的你的主要认为是积累人生经验，为人生的发展打下坚实的基础，为人生的幸福寻找源头活水。

别犹豫，做你想做的事情就对了

生活中的人们，不知你是否曾有过这样的冲动，加班的周末，你突然想骑上自行车去郊外吹吹风？或者想请一段时间的假，进行一场一个人的旅行，在有风的季节，去看看海、树、云、天，与一些好心的陌生人打交道，或者想起曾经一位许久不见的好友，突然想去看看他？再或者你想起了曾经年少时的一个梦，你突然很想去做点什么……无论你很想去做，那么就去做吧，要知道，人生几十年，白云苍狗，如果现在不做，一辈子可能都做不了。

的确，人生苦短，每个人都希望获得幸福，而大多数人的一生，要求其实很简单，做着自己喜欢的事情，与自己喜欢的人在一起，便是莫大的幸福。然而实现它却并不容易。第一要素就是热爱，只有热爱，才有为之奋斗的欲望，才能产生源源不断的激情。

心理学家称，对于致力于创造的人们来说，热爱本身就是一种创造。

由于热爱，你为自己创造了一个未来，即便现在的你已经不再年轻，只要你做你想做的事，那么你便已经成功了，你的人生有一份自己的答卷。

我们来看下面一个故事：

哈佛大学 82 岁的毕业生伊丽莎白的故事也告诉我们一个道理：敢于追逐自己的梦想，无论何时都不晚。

伊丽莎白，她 82 岁从哈佛大学毕业。她之所以能成为哈佛人敬重的对象，并不是因为她已年迈，而是因为她有一颗勇敢的心。

又是一年毕业典礼，这一天，伊丽莎白和其他毕业生一样身穿学士服，头戴黑色学士帽，她从校长手中接过自己的学士毕业证书。另外，她还获得了一项表彰其学术成就和品德的奖项。在这一刻，伊丽莎白是激动的。她的勇气终于有了收获。

事实上，伊丽莎白能拿到哈佛大学的毕业证书，也是一个相当艰难的过程。

1941，伊丽莎白就从高中毕业了，随后她结婚了，并生了 4 个孩子。再随后，她有幸成为哈佛大学健康服务部的员工，在哈佛大学工作，她被学校这种浓厚的学习氛围感染，慢慢地，她开始穿梭于各个课堂之间，旁听各种课程。

就这样过了很多年，伊丽莎白并没有正式注册成为哈佛的学生，因为她认为自己根本没有能力完成这么多课程。然而，就在 9 年前，她的同事和同学都开始鼓励她，这让她又产生了争取学位的念头。

此时的伊丽莎白已经是 73 岁的高龄。对于这样年纪的人来说，安享晚年大概是最好的选择，但伊丽莎白不甘心，她告诉自己，一定不能就这样放弃。于是，她再次鼓起勇气，走进了哈佛的课堂，为此，她还给自己制定了十年的目标，也就是要在 83 岁之前从哈佛毕业。

如今满脸皱纹的伊丽莎白在哈佛工作了 25 年，学习了 20 年，攻读了 9 年学位，最终赶在自己的孙女之前获得了本科学历。

在哈佛，伊丽莎白可谓是一位独特的学生。许多教授，都以伊丽莎白的事迹作为案例，鼓舞学生：树立信心、果敢尝试，走属于自己路。

的确，生活中，有太多的人，他们把一生浪费在了等待中，他们白白浪费了宝贵的生命。多少人，他们曾经是一个英姿飒爽的少年，但如今却已步履蹒跚。生活中的你，如果不想重蹈他们的覆辙，你就要告诉自己，选择去尝试，勇敢一点，才不会自己后悔。

所以，生活中的人们，喜欢一件事，你就开始去做吧。即使此时此地只能把它当成业余爱好，如果你坚持去做了，点滴积累，有一天，它会成为你的专长，成为你可以靠之养活自己的看家本领。你要去相信，你最愿意做的那件事，才是你真正的天赋所在。

人生需要选择，需要你果敢地去拼搏，去行动，去做自己该做的事情，哪怕你很畏惧，哪怕你很犹豫，但如果摆在你面前的路是正确的，你就要立即行动起来。

有句话说得好："选择你所爱的，爱你所选择的"。年轻人，为了培养你对工作的热情，首先，在择业之前，你应该考虑自己的兴趣。如果工作在某些方面真的令你缺乏兴趣，我并不是说一定要强迫你每天在工作的时候保持微笑。一般情况下，如果你真的不喜欢自己所做的事情，对它缺少积极性，那么这是不值得的，不管你得到的薪水有多高，不管你在职业生涯攀上了多少高峰，都是不值得的。

如果你并不了解自己的兴趣所在，你怎样才能挖掘出它们呢？有很多方法可以做到这一点。例如，在你目前的工作中，你最喜欢它的哪些方面？是和他人共处，还是不和他人共处？是智力挑战，还是解决问题或者某个问题在某一天结束的时候有了具体答案的满足感？

总之，人生就是如此，只要你敢于跨出第一步，去做你想做的事，你就能获得源源不断的动力，你就能朝着目标不断迈进，最终取得一番成就。

认清自己，从兴趣爱好开始发展自身优势

伟大的科学家爱因斯坦说过"兴趣是最好的老师。"古人亦云："知之者不如好之者，好知者不如乐之者。"这就是说，一个人一旦对某事物有了浓厚的兴趣，就会有强大的精神动力，去主动求知、探索，以达到感性认识和理性认识的统一，形成对事物系统、全面、完整的认识，在这个过程中，你还会产生愉快的精神体验，进而形成一个良性的循环。

的确，任何一个有梦想、有目标的人，都不会任凭自己被欲望控制，更不会随波逐流，他们知道自己想要什么样的人生。然而却有这样一些人，他们人云亦云，盲目跟风，忽视了自己的内在潜力，看不到兴趣的强大作用，甚至不知道自己到底需要什么，不知道未来的路在哪里，于是，他们浑浑噩噩地度过每一天，甚至在充满各种诱惑的社会大潮中迷失了自己。但如果你能准确地定位自己，认清自己，看到自己的兴趣，那么你就能充分挖掘到自己的内在动力，朝着这个方向努力，你就会做回自己，充分发挥自己的价值。

相信不少人都听说过姚明这个名字，任何一个中国人，都对姚明这个名字耳熟能详，然而不为人知的是，他在篮球事业上的辉煌，也来自于他成长过程中的兴趣。然而，他的兴趣并没有刚开始就锁定在篮球上。他曾

经说过："最重要的就是去做你真正想做的事情，跟着兴趣走。"

在姚明小的时候，他和很多同龄的男孩一样，喜欢枪，喜欢玩游戏，喜欢自由自在的生活，做自己喜欢做的事情。但后来，他开始喜欢看书，尤其喜欢看地理方面的书籍，他的父亲说，有一段时间姚明还对考古产生了兴趣，再往后，又喜欢做航模，他第一次在体工队拿了工资，就去买了航模回来自己做。再后来就喜欢打游戏机了。

姚明的家庭是民主自由的，尤其在他的学习上，他的父母从来不逼迫他，而是以启发为主，重视培养他的兴趣。而这种方式让姚明享受到了学习的乐趣。长大之后，每当有人问起他的童年，他都会说："我是玩过来的，没人逼迫我学习。"

姚明、姚明的父母和他当年的老师、教练以及小伙伴都说，其实刚开始他并不喜欢篮球，对当年的他来说，篮球只不过是一种游戏。

而直到他9岁的时候，姚明才开始对篮球有了一点兴趣。到12岁时，他已经非常喜欢篮球这项运动了。父母把他送到上海体育学院，他在那每天都要打几个小时的篮球。由于姚明住校，离家的路途比较遥远，这使得他有更多的时间打篮球，他对篮球也越发专注了。

姚明最喜欢的球员有三个，他们是阿瑞维达司·萨博尼斯、哈基姆·奥拉朱旺和查尔斯·巴克利，姚明还坦言他曾用"萨博尼斯"作为网名。

萨博尼斯是姚明刚开始打球时的偶像。姚明喜欢萨博尼斯打球的方式——娴熟的运球，用不可思议的方式把球传给空位的队友，精准的中远距离投篮。每当他在场上时，他都会效仿他的偶像打球的方式。

后来，姚明很关注当时的休斯敦火箭队。这支球队以另一个敏捷的大个子哈基姆·奥拉朱旺为首，1994年和1995年连续两年赢得NBA的总冠军。姚明迷上了这支球队，也非常崇拜奥拉朱旺。这些都使姚明对篮球更感兴趣，也使他打球的动力更足。

姚明因对篮球的兴趣而成为伟大的球星。从姚明身上，我们可以可发现，兴趣能对一个人的成长、个性发展乃至人生路途产生很大的作用。然而，并不是每个人都能让兴趣发挥如此巨大的作用，兴趣的产生也不是与生俱来的，它是在学习、活动中发生和发展起来的。为此，我们若想找到自己真正的兴趣所在就必须做到：

首先，你可以从培养自己的好奇心开始。

生活中，我们经常会遇到一些未知的事物，很多人对这些未知事物都采取一笑置之或者漠然的态度，而实际上，这正是培养我们兴趣的关键部分，没有好奇心，就没有探求的欲望，也就谈不上兴趣，比如，你看到美丽的彩虹，那为什么会出现彩虹呢？真的是天女所为？要化解这些问号，就需要你进一步查看相关书籍，了解这些知识，兴趣的开端也就产生了。

其次，你需要保持持续的热情。

有些人的确有好奇心，但总是三分钟热度，比如，他们喜欢弹琴，但持续不了一个月，这样，即使你再有天分，你的弹琴技艺也不会有什么成就。可见，同样的，要培养一份兴趣，就要保持持续的热情，每天进步一点，你就会把这一兴趣变成生活习惯，长此以往，自然会有所提高。

当然，无论做什么事，最怕的就是蜻蜓点水、不求甚解，生活中，一些人兴趣爱好广泛，但却做不到精益求精，这又怎么能真正让兴趣发挥作用呢？可见，兴趣不只是对事物的表面的关注，更需要我们不断培养，不断参与，并贵在坚持！

第 06 章

乐于吃苦，
尤其是当你的才华还撑不起你的梦想时

　　古人云："生于忧患，死于安乐。"任何一个人，要想成功，实现人生价值，都要吃苦，都要磨炼自己的意志。现代社会，随着物质生活的逐渐提高，充斥在人们周围的"诱惑"越来越多，人们吃苦的"机会"也逐渐少了，而正是因为这样，他们在真正遇到困难时，便少了一份毅力，少了一份坚强。因此，我们每个人都必须学会吃苦，尤其是当你的才华还撑不起你的梦想时，要在最能吃苦的年纪时习得一身本事，才能充实自我，为获得成功打好基础。

少一分享乐，多一份忍耐

我们都知道，大千世界，处处都是存在辩证法的，有得就有失，有失也有得，得与失是矛盾的统一体，其中，要成功就必须放弃享乐。我们不难发现，大凡做出一些成就的人，他们必定会经受一些磨难，吃尽苦头，然后才能等到出头之日，一鸣惊人。在这个过程中，他们不断地忍耐着痛苦与辛酸，精神上的，身体上的，那些痛彻心扉的日子，他们咬着牙，将滴落的血吞进肚子里。有时候，为了完成自己心中的理想，他可能会需要寄人篱下，甚至遭人白眼，受人讽刺，但他们都忍耐了过来，在这个过程中，他们放弃的就是暂时的享乐，而放弃享乐就是对欲望的控制，但实际上，他们明白，他们最终会有守得云开见月明的一天，到那时，自己以前所受的所有苦难都是值得的，因为它们已经凝结成了耀眼的成功的光环。

相传，勾践战败后，他接受了大臣文种的建议，收买了吴国太宰伯嚭向夫差称臣纳贡求降，越王和王后到吴国给夫差为奴做妾。夫差答应了，却在吴国对勾践夫妻极尽羞辱，勾践在夫差面前一副感恩戴德五体投地的奴才相，嘴里还感激夫差不计前嫌以德报怨，宽宏仁慈。勾践在夫差面前表现得十分恭敬，称自己为贱臣，小心翼翼，百依百顺。夫差要上马，勾践就跪下来让夫差踏在自己身上来骑到马背上。夫差生病了，勾践在夫差面前寝食难安，问病尝粪，嘴里一边吃着夫差的大便，还一边说出自己的忠诚之志："恭喜大王，大王的病就快好了。"

就这样，勾践以自己的忠诚打动了夫差，终于夫差下令让勾践回到越国。勾践回到越国之后，立志要报仇雪恨，他唯恐眼前的安逸消磨了自己的志气，于是在吃饭的地方挂上一个苦胆，每逢吃饭的时候，就先尝尝苦味，并问自己："你忘了会稽的耻辱了吗？"他还把席子撤去，用柴草当作褥子，这就是后人一直传诵的"卧薪尝胆"。

对于战败后的勾践来说，他完全可以继续自己享乐的生活，但是他却选择了忍耐，在吴王夫差面前，勾践跟奴才差不多，甚至比奴才更卑贱，不仅受到了夫差的百般侮辱，而且嘴里还感激夫差不计前嫌以德报怨，并自称"贱臣"。这样的姿态，比委曲求全更甚，自己所受的侮辱和苦难都不是普通人能及的，但勾践都一一忍耐了过来。其实，他早就有了复国大计，之所以在夫差面前百般受辱，都是为了赢得夫差的信任，这样自己就可以早日回到越国去施行复国大计。那看似的委曲求全，实则是一个计谋，勾践早已经将整个计划运筹帷幄于股掌之间。于是，这才有了后面"勾践灭吴"的故事。同样，曾国藩的忍耐力也是值得我们学习的。

曾国藩刚开始办团练的时候，其中除了大量的湘军勇士，还有不少的绿营军，这使得曾国藩面临着更多的问题。而且，在操练中，曾国藩始终坚守着"吃得苦中苦"的理念，对将士们要求十分严格，风雨烈日，操练不休，这对于来自田间的乡勇来说，并不觉得太苦。但是，对于那些平日里只会喝酒、赌钱、抽鸦片的绿营兵来说，却像是"酷刑"，对此，绿营上上下下怨声载道。副将不到场操练，根本不把曾国藩放在眼里，甚至，对底下的士兵宣称："大热天还要出来操练，这不是存心跟我们过不去吗？"曾国藩一方面忧心军队的操练，另一方面还要应付绿营军的捣乱，日子过得十分辛苦。

当时，在长沙城内驻扎着绿营兵和湘勇，绿营军战斗力极差，受到了乡勇的轻视，对此，绿营兵十分愤怒，经常与乡勇发生摩擦。双方水火不容，开始由一些小争执变为战斗。而且，绿营军是朝廷的正规军队，深得清朝庇护，曾国藩所操练的湘军不过是乡间勇士，无人庇护，于是，曾国藩只能严格要求自己的军队，不得与绿营军发生冲突。即使曾国藩一再忍受绿营军的欺辱之苦，但仍改变不了现状，绿营军更加横行霸道，湘军进出城门都会受到公然侮辱。朋友看见曾国藩如此辛苦，劝他参奏绿营军，不料，他却推托："做臣子的，不能为国家平乱，反以琐碎小事，使君父烦心，实在惭愧得很。"过了一阵子，曾国藩就将湘勇遣往外县，将自己的司令部也移到了衡州。

其实，曾国藩在组建湘军之际，确实是吃了不少苦头，本身，组建军队就将面临着一切艰难险阻，而同时还将遭受绿营军的挑衅，那确实是一段异常辛苦的日子。当时，咸丰帝下令曾国藩办团练，由于朝廷战事甚紧，也没给军队发军饷，曾国藩作为军队的创办者必须解决军队的军饷问题，然而，这一切困难的问题，曾国藩都以坚韧的意志忍了过来，他明白"只有吃得苦中苦，方能成为人上人"。试想，如果当初曾国藩忍受不了绿营军的挑衅，在朝廷不提供军饷的情况下，就停止操练，那哪里还有后来轰动一时的湘军呢？在绿营军面前的看似委曲求全、百般忍让，其实都在曾国藩掌控之中，唯有这样，才能建立起一支独立而极具力量的湘军。

当然，忍耐，也是有目的的，如果一个人是毫无目的地忍耐，不管遇到何人何事都采取忍耐的态度，那这样的忍耐就是愚蠢的。在忍耐的同时，我们应该问自己"为什么忍耐""忍耐需要达到什么样的目的"，当心中有计划，那就必须忍耐；羽翼未丰，也需要忍耐。这样的忍耐是一种智谋，因为在委曲求全忍耐的同时，他早已经将所有的计划掌控于胸中，忍耐不过是为赢得最后成功拖延时间而已。

的确，任何一个人在追寻目标的过程中，都必须要忍耐，不仅要忍耐失败带来的痛苦、生活的平庸，更要学会控制享乐的心，这也是控制欲望的重要方面，"吃得苦中苦，方为人上人"，享乐只能让我们不断懈怠，忍耐才能让我们磨炼自己的意志，帮助我们不断朝着目标前进。

一步步来，别总想一步登天

关于未来，可能我们很多人都有幻想，豪气万丈、为自己编织着美好的未来，或希望自己成为某个行业的精英，或拥有自己的事业等被灌输理想对人生的作用和价值。树立理想是好事，它可以匡正你的言行，让你的努力都有一个明晰的主线，但无论如何，你千万要记住，只有脚踏实地才是实现梦想的唯一途径，对理想的憧憬，也千万别过了头。

如果你每天把大把的时间都花在了展望自己的未来中，而不制订实现梦想的计划，那么，你的梦想也最终只会遥遥无期。

没有人可以在脱离行动之外就能收获成功，真正的喜悦也是来自实践过的经历。心理学家认为，当人们尝试着估计自己能从未来的经历中获得多大的乐趣时，他们已经错了。人生只有经历过，才能品味出真实的味道，也只有脚踏实地地看待生活，才会活出自己。

一直以来，人们都赞赏那些有伟大梦想、眼光长远的人，但很多人在憧憬未来时，难免有几分浮躁之气。有时候，当事情还没做到一半时，他们就认为自己已经大功告成，开始飘飘然了。因此，我们需要记住的是，急功近利，只讲速度，不讲质量，看不起眼前的小事，认为如此做不出什么名堂来，没有什么意义的人难成大事。

我们先来看一个年轻人的故事：

小陈是某名牌大学的经济系高材生，毕业前，他的梦想是考上国家公务员，如果不行，就考省里的，实在不行，市里的也行。这是他人生规划的一部分，他的梦想是在城里买座大房子，把父母接过来，然后在城里安家立业。然而，很多时候，理想与现实就是相差甚远，参加这些考试，要么是成绩不理想，要么是面试没通过。小陈曾经一度认为自己的人生就这么完了。

后来，小陈终于走出阴霾，考不上就去做别的，总有一条生存的路。于是，他开始找工作。他是个有抱负的人，心想自己是个名牌大学的学生，能力也不不必别人差，一定要做出一番事业。终于，他投出的简历得到了回应。面试时，由于学历不错，长相谈吐也都大方自然，一些私企有意向录用他当文员或者秘书。"办公室里的好多人员学历不如我，能力也不如我，我觉得大材小用了。"所以，辗转了好几次，类似这样的工作，他就是做不长。

就在不知道何去何从的时候，他的表哥请他去家里坐了坐。"他连小学都没毕业，如今却开着名车，还娶了城里漂亮媳妇。"小陈心里很不是滋味。

表哥告诉他："其实，你应该感到幸福，你想想我，那时候，没有学历、没有背景，而你呢。有这么多人疼着你，还供你上了大学，长得一表人才，前途光明着呢，别丧气啊！人有时候就不能太较劲了，也不能急于求成，也不能把自己太当回事了。苦你得吃得，气你得受得。你哥我不就是盘子端过、碗洗过，被人骂过，一步一个脚印，脚踏实地走，才有了今天。"

表哥的经历让小陈彻底明白了一个道理：要想成功，起点固然重要，但脚踏实地的努力更重要。

现在的小陈已经大学毕业两年了，最终明白了一个道理：找不到理想的工作，与其自暴自弃，怨天尤人，还不如踏踏实实，在一个自认为还有着足够兴趣的岗位上一步一个脚印走。于是，后来，小陈开始平静下来，在省城一家四星级酒店找了工作，现在他已经是前台经理了。

生活中，可能有很多人都和小陈有着相同的经历，满腔热血却被现实浇灭，但扪心自问，问题是不是出在自身？与其打着灯笼满世界找满意的工作，不如踏实下来，勤奋工作。要知道，没有伟大的意志力，就不可能有雄才大略。可能目前这份工作让你感到很沮丧，你觉得前途渺茫，但你真的做到了勤恳工作吗？如果没有，何不尝试一下呢？努力工作，你会发现，成长始终伴你左右！同样，生活中的人们，你也应该深知，要想实现梦想别无他法，只有脚踏实地。

其实，生活中，那些成功者往往是那些做"傻"事的笨人，输得最惨的也是那些聪明人，那些笨人深知自己不够聪明，所以他们努力学习、埋头苦干，最终他们如愿以偿了。而聪明人做事时则不肯下力气，总想着要小聪明，投机取巧，往往输得很惨，所以智慧和实干比起来，实干更加不可或缺。

我们每个人都曾经有自己的梦想，都满腔抱负，希望可以一展拳脚，做出一番成绩来，但现实告诉他们，必须要从最基础的工作做起，这就好比一颗种子，如果浮于空中，是无法生根发芽的，只有埋进土里，经过雨水的灌溉、滋润，才能长成大树。现代社会，一些人心态浮躁，对于他们来说，这无疑是更高层面的挑战。艾森豪威尔说："在这个世界，没有什么比'坚持'对成功的意义更大。"的确，世界上的事情就是这样，成功需要坚持。雄伟壮观的金字塔是的建成在于它凝结了无数人的汗水；一个运动员要取得冠军，前提就是必须要坚持到最后，冲刺到最后一瞬。如果有丝毫之松懈，就会前功尽弃，因为裁判员并不以运动员起跑时的速度来判定他的成绩和名次。

因此，一个人若想不断进取，就不能腹中空空如草莽，就应努力充实储备各种能力、各种知识或各种能为自身发展所需要的东西，待时机成熟，再跨上另一个高度。

压力亦是动力，踩着压力前进

人的一生，必定免不了困难和压力，面对压力，很多人常常会抱怨，会逃避，其实有压力才有动力，压力带给我们的不仅仅是痛苦和沉重，还能激发我们的潜能和内在激情。为此，我们可以说，重压之下，便离成功不远。

的确，面对重压，如果我们紧盯着压力，不为自己的心理减负的话，我们的眼里就会充满苦难，就会发现脚下的路有沟有坎，一点都不平坦，于是就举步不前，停留在那块平地上，结果自然是一事无成。而相反，如果我们能换个角度看待现状，无论遇到什么样的压力和困难，都始终向前看，你看到的就是一条路，顺着路走下去，你就会发现路越来越宽，景色越来越美。

在一次马拉松比赛中，有一位并不起眼的年轻人获得了冠军，而且还破了世界纪录。而根据他的介绍，他是第一次参加这样的比赛。

当他冲过终点时，记者蜂拥而上，不断地追问："你这么会取得这么好的成绩？"

年轻人气喘吁吁地回答："因为我的身后有一匹'狼'。"

所有的记者都朝年轻人的身后看了看，并没有什么东西，然后他们很疑惑地看着年轻人，年轻人呼吸了几口空气，继续说："三年前，我在一座山林间训练长跑，每天凌晨教练喊我起床练习，仅是我用尽全力，也总是没有进步。

"有一天清晨，我和平时一样训练，但却忽然听到身后传来狼的叫声，刚开始声音很遥远，可是没几秒钟就已经来到我的身后。当时我吓得不敢回头，只知道拼命奔跑逃命。于是，那天我的速度居然是最快的。"

年轻人顿了顿，又说："回来后教练跟我说：'原来不是你不行，而是你身后少了一匹'狼'！'我这才知道，原来根本没有狼，是教练伪装出来的。从那以后，只要训练时，我就想着自己身后有一匹狼正在追赶，包括今天的比赛，那匹'狼'仍然在追赶着我，我必须战胜它！"

我们每个人都和这位年轻人一样，有着自己的人生目标。可是，我们的身后有"狼"吗？这匹狼实际上就是压力。如果在人生路上毫无压力、过于安逸，那么，我们注定平淡、碌碌无为，如果有匹"狼"在我们身后追赶着我们前进，我们势必会攀上人生的高峰。

的确，在人生道路上，困难和挫折是难免的，尤其是希望有一番成就的人们，更要有心理准备，人生会起起伏伏，我们无法预料，但是有一点我们一定要牢牢记住：重压之下，便离成功不远，立于危崖，才能学会飞翔。当你遇到逆境时，千万不要忧郁沮丧，无论发生什么事情，无论你有多么痛苦，都不要整天沉溺于其中无法自拔，不要让痛苦占据你的心灵。困难来临时，我们要有勇气直面困难并且做到一直向好的方向行进，这才是一种努力达到和谐的状态，那么你最终将战胜困难。

人们常说"置之死地而后生"。为什么生命在"死地"却能"后生"？

就是因为"死地"给了人巨大的压力，并由此转化成了动力。没有这种"死地"的压力，又哪有"后生"的动力？这一点，也向我们证明了困境的激励作用。

1967年夏天，美国跳水运动员乔妮·埃里克森在一次跳水事故中，身负重伤，除脖子之外，全身瘫痪。乔妮从此被迫离开了那条通向跳水冠军领奖台的路。她曾经绝望过，但最后，她拒绝了死神的召唤，开始冷静思索人生意义和生命的价值。

乔妮领悟到：我是残了，但为什么不能在另外一条道路上获得成功？于是，她想到了自己中学时代曾喜欢画画。于是，这位纤弱的姑娘捡起了中学时代曾经用过的画笔，用嘴衔着，练习开了。她常常累得头晕目眩，汗水把双眼弄得咸咸地辣痛，甚至有时委屈的泪水把画纸也浸湿了。

好些年头过去了，乔妮的辛勤劳动没有白费，她的一幅风景油画在一次画展上展出后，得到了美术界的好评。

乔妮又想到要学文学。因为曾有一家刊物曾向她约稿，要她谈谈自己学绘画的经过和感受，她用了很大力气，可稿子还是没有写成，这件事对她刺激太大了，她深感自己写作水平差，必须一步一个脚印地去学习。

终于，又经过许多艰辛的岁月，这个美丽的梦终于成了现实。1976年，乔妮的自传《乔妮》出版了，轰动了文坛，她收到了数以万计的热情洋溢的信。两年后，她的《再前进一步》一书又问世了，该书以作者的亲身经历，告诉残疾人，应该怎样战胜病痛，立志成才。后来，这本书被搬上了银幕，影片的主角由她自己扮演，她成了青年们的偶像，成了千千万万个青年自强不息、奋进不止的榜样。

人生境界就是如此。在你生命的过程中，不论是爱情、事业、学问，你勇往直前，到后来竟然发现那是一条绝路，没法走下去了，山穷水尽悲哀失落的心境难免出现。此时不妨往旁边或回头看看，也许有别的通路；

即使根本没有路可走了，往天空看吧！虽然身体在重压下，但是心还可以畅游太空，体会宽广深远的人生境界，再也不会觉得自己穷途末路。

实际上，上天对我们每个人都是公平的，为什么有些人能攫取成功的果实，有些人却只能甘于平庸？其中一个很大的原因就在于他们是否有走出困境的毅力。命运在为我们创造机会的同时，也为我们制造了不少"麻烦"。如果你在"麻烦"面前倒下了，那么你也就失去了成功的机会；如果你经过挫折、失败的锤炼后变得更加坚强，那么你就是真正的强者。不甘于平庸，不想成为失败者，那你就要有勇气面对困境和压力，而不是懈怠和逃避。

现在的贫困，是为将来奋斗的动力

在我们的现实生活中，不少人都感叹命运不公，抱怨现在的贫困状态，但我们要知道，天上不会掉馅饼，要改变贫困，唯有努力向前，事实上，很多坐拥财富的成功者，就是从贫穷中走出来的。刚开始时，他们是不折不扣的的穷人，但却吃得起苦、经得起摔打，最终，他们成就了自己的财富王国。所以现在的贫困，是为将来奋斗的动力。

英国人霍布代尔是一所中学的一位勤勤恳恳的清洁工，已经在那所学校工作多年。一次偶然的机会，学校新来的校长发现霍布代尔是个文盲，这位校长不能容忍自己的学校中有一个文盲，于是将他解雇了。霍布代尔痛苦万分，因为，对于他这样一个文盲来说，到哪儿去工作都将面临困难。痛苦中的霍布代尔并没有自暴自弃，他开始思考这样一个问题：我真的一无是处了吗？突然，他高兴起来了。原来他想到了他的手艺——做腊肠。

霍布代尔做的腊肠曾深受学校师生的欢迎。基于此，霍布代尔产生了做腊肠生意的念头。他做得很好，几年后，在英国有人不知道莎士比亚，不知道劳斯莱斯，但没有人不知道霍布代尔的腊肠。

在我们身边，有很多和故事中的霍布代尔一样的人，他们没有高学历、没有雄厚的资金，他们被别人看不起，但他们能找到自己的长处，然后将之充分发挥出来了，最终，他们也获得了别人不曾预料到的成功。

的确，我们要明白的是，不是谁都有个富爸爸，谁都能含着金钥匙出生，大部分人也不是一穷二白的人，但我们若想成为富人，必须要摒弃一些纨绔子弟的浮躁心态。

很多富豪在成功后谈到自己的发家史时，都会感谢自己的父母给了自己贫穷，因为贫穷，他们不得不努力，奋斗是他们唯一的出路。贫穷的出生，本来就是对自己的一种磨炼，两千多年前，孟子就有过"天将降大任于斯人也，必先苦其心志，劳其筋骨，饿其体肤"的人生定论，能摆脱贫穷，本身就是一种成功。

古人云："穷且益坚，不坠青云之志"，这句话也是要告诉我们，即使贫穷，也要有坚韧的品质，也要心怀梦想，努力向前。那些已经走出第一步的穷人会发现，自己在困苦之中培养出来的坚韧的性格，是一笔可以受用终身的财富。

招聘会上，某公司主管想招一名部门经理，选来选去，最后只剩下甲和乙两个选手。为了选择一个更适合公司发展的职员，他给他们出了一道题，如果公司买了筐苹果，可是苹果有好多烂的，谁也不可能两天吃完。现在这两筐苹果就在这儿，你们拿回去吃吧，一个月后你们再来，给我答复。

一个月后，甲和乙都回来了，向主管经理说明了自己是怎么做的，甲不慌不忙地说："苹果发到我手里就有一半在烂，我就先选烂的吃，吃到最后还是烂的，一筐苹果没吃到一个好的——我已经拉了半个月肚子了。"

主管经理笑着问甲："既然吃苹果是让你这么痛苦，你为什么还要吃呢？"

甲答："不管怎么说，吃苹果是公司考验我的题目，不吃等于辜负了公司的好意。"

主管经理又问乙说："你是怎么处理那一筐苹果的？难道也选先烂的吃？"

乙说："不。那筐苹果到我手里也有一半在烂，我先选好的吃，到选不出来的时候，我连筐子一起丢了。"

甲乙两人是从百名应聘者之间选出来的佼佼者。听了甲与乙的话，主管经理慎重地想了又想，乍一看，甲这种人走上社会是难以有成就的，因为他的思维是属于封闭型的，不可能开创什么事业。其人生态度是悲观消沉的，这种人生观与时代格格不入，但实际上，甲虽然有逆来顺受的性格，但他有一种吃苦在前，享乐在后的精神，这样的人不会寅吃卯粮，换句话说，他把人生的理想和追求都放在以自己的吃苦和拼搏去换取上，还是有前途的。

而乙看上去是处事有主见，有魄力，思想方法独特，有开拓创新精神，有健康、积极的生活态度，但是他的实用主义作风害了他，使他凡事看的比较近，做出的成绩也有限。

于是，主管经理决定选择第一个人担任部门经理的角色。

一晃 5 年过去了。两个应聘者的前途果然不出主管经理的预料，甲不仅在工作岗位上干得出色，而且马上就要提升了；而乙，有消息说，还在想换工作，碌碌奔波于一个个新的单位之间。

如果你是故事中的应聘者，你会怎么做？也许你也会和乙一样，因为谁都不想痛苦地吃完一筐烂苹果。然而，这看似精明的做法，却是吃不起苦的表现。

这个故事也给那些正在努力改变贫困状态的人一个启示：无论怎样，事业是做出来的而不是说出来的，辛勤耕耘的人，永远都有市场。

贫穷确实能考验一个人，有的人被贫穷压弯了脊梁骨，击碎了梦想，也有人能将贫穷当成一种动力，他们能做到永不回头地奋斗，在他们看来，只有享不了的福，没有受不了的罪。这种吃苦的本性纵有逆来顺受的味道，但却是获得成功的很重要的资本。

总之，我们需要记住的是，"好事多磨"，"不受磨难不成佛"，大凡伟大的事业都是在艰巨的磨难中完成的。一个人物质生活太优越、成长道路太顺畅，未经人生路上的摸爬滚打，一旦遭到坎坷和挫折，往往会一筹莫展，驻足不前，甚至长期地沉落在苦闷之中。

积累实力，然后一飞冲天

我们都知道，将任何有意义的事情做好，是成功的预示。因为你比别人多付出，你在实际工作中也比别人想得更周到。成就绝非朝夕之功，凡事必须从小做起，只要有意义。我们需要记住的是：你不会一步登天，但你可以逐渐达到目标，一步又一步，一天又一天。别以为自己的步伐太小，无足轻重，重要的是每一步都踏得稳。所以，成功绝不是偶然的，成功者更是善于等待的，他们懂得在等待中积累实力，在等待中找寻机遇，所以最后他们能一举成功。

几乎每一个人都渴望成功的降临，但事实上很少有人能预期获得成功。有的人盲目行事，心中有了什么好的想法就马上开始实施，不忍耐，不等待，也不经过仔细思考，最终面临惨烈的失败。其实，要想获得成功就必须有周详的谋划，处心积虑，经过一番斟酌，经过一段时间的准备之后再行动，一旦决定了就雷厉风行，这样就很容易获得成功。

成功需要来自多方面的因素，除了自身的条件之外，最重要的就是善于等待，进行周密的策划，这样的"谋定"促成了人生这个大棋盘，只要摆好了棋子，步步为营，就会"运筹帷幄之中，决胜于千里之外"。

的确，现实世界中，在我们追求做事、追求梦想与目标的过程中，确实存在很多影响我们心绪的因素，做不到有条不紊地工作，就容易被干扰。

20 世纪 80 年代，美国有一家著名的机械制造公司叫维斯卡亚公司，这家公司生产的产品远销全世界，因此，它实力雄厚，并代表着当今重型机械制造业的最高水平。大公司门槛高这句话是有道理的，很多毕业生都要这家公司求职，但都被无情的拒绝，因为该公司的高技术人员爆满，不再需要各种高技术人才。但丰厚的待遇和令人羡慕的社会地位还是让很多人削尖了脑袋前来求职。

这群求职者里有个叫史蒂芬的人，他是哈佛大学机械制造业的高材生。和许多人的命运一样，在该公司每年一次的用人测试会上被拒绝。但史蒂芬并没有死心，他发誓一定要进入维斯卡亚重型机械制造公司。于是，他决定先"混"进去这家公司再说。他先找到公司人事部负责人，提出可以无偿为这家公司提供劳动力，只要能让他在这家公司，哪怕不计报酬，并能完成公司安排给他的任何工作。这位负责人，起初觉得这简直不可思议，但考虑到不用任何花费，在利益的引诱下，这位负责人便答应了，并安排他去车间扫废铁屑。

这份工作是没有报酬的，史蒂芬还得养活自己，于是，一年的时间，他白天在这家公司勤勤恳恳地工作，晚上还得去酒吧打工。

　　令史蒂芬失望的是，虽然他得到了所有同事和负责人的认同和好感，但公司却并没有提及正式录用他的事。但机会很快来了。那是 20 世纪 90 年代初，公司的许多订单纷纷被退回，理由均是产品质量问题，为此公司蒙受了巨大的损失。公司董事会为了挽救颓势，紧急召开会议商议对策。当会议进行很长时间却未见眉目时，史蒂芬果断地闯入会议室，提出要见总经理。

　　在会上，史蒂芬慷慨陈词，对公司出现这一问题的原因作了令人信服的解释，并且就工程技术上的问题提出了自己的看法，随后拿出了自己对产品的改造设计图。这个设计非常先进，恰到好处地保留了原来机械的优点，同时克服了已出现的弊病。总经理及董事会的董事见到这个编外清洁工如此精明在行，便询问了他的背景以及现状，而后，史蒂芬被聘为公司负责生产技术问题的副总经理。

　　原来，史蒂芬这是退而求其次的一种办法，当他被拒绝后，他想方设法留在这家公司，是为了更彻底地了解这家公司。于是，他在做清扫工时，利用清扫工到处走动的特点，细心察看了整个公司各部门的生产情况，并一一作了详细记录，发现了所存在的技术性问题并想出了解决的办法。为此，他花了近一年的时间搞设计，获得了大量的统计数据，为会上的出色表现奠定了基础。

　　史蒂芬为什么能一举成功，让公司高层领导对其能力加以肯定并由一名小小的清洁工成功晋升为技术问题副总经理？原因很简单，他懂得厚积薄发，伺机而动，因为他做足了充分的准备工作，在该公司最需要自己的时候及时出现，以自己过硬的专业知识帮其解决了这项技术问题。我们设想一下，假如他空有为公司担当的勇气而没有一个完备的表现自己的计划，没有过硬的实力，那恐怕这种表现只会适得其反。

世事如棋，谋定而后动。当我们决定要开始一件事情的时候，谁也猜想不到最后的结果。但是，如果我们能静下心来，从长计议，在等待中找寻事情的各个因素，并作出分析，进行处心积虑的谋划，就一定能预测最后的结果。凡事都应该"三思而后行，谋定而后动"，方能成就大事。如果你仅仅是看见了一片叶子，就想获得整座森林，在没有任何计划之下就开始盲目前行，那只会让自己面临失败的下场。

所以，无论做什么事，要想成功，我们都要懂得等待，都要等待最佳的时机，这是一种人生的大智慧，舍弃盲目的行为，选择处心积虑，蓄势待发而后动，你会发现成功有不一样的风采。

第 07 章

坚守你的灵魂，
别被欲望左右

在短短的人生旅途中，人人都有所求，但没有人能够拥有世间的一切，我们也都有自己的梦想，但在世界的每一个角落，各种诱惑都在向我们招手，但无论如何，我们都要记住，贪欲会把人带向罪恶的深渊，让人失去理智，让我们迷失自我。事实上，当我们坚守内心，远离那些诱惑时，更能感受到自己内心深处的宽广和明净，也能享受纯粹的追求梦想的快乐。

活在比较中，你怎么会快乐

　　人是群居动物，在社会生活中，有交流就有比较，于是，人们就出现好胜心、攀比心，当自己的现状比周围的人差时，就会产生一种想超过别人的心理，这种心理会促使我们不断努力和进步，但如果这种心理变成了盲目的攀比，就会变成一种心理焦虑，就等于为自己设置障碍。实际上，每个人都是单独的个体，都应当有自己的个性。只有坚持走自己的路，放下攀比心，才会活出自我。

　　老子的道德经提倡无为而治，就是让人放下攀比之心。无为而无不为，意思是不攀比而无所不能。无为并不是什么都不做，而是放下攀比之心，因为有了攀比之心，人们不能按自己的方式去生活，去做事，会变成大致相同的人。人都有自己的特长，有自己的才能，有自己的价值观，以不攀比之心去做，会做得很好，会发挥自己最大的价值。

　　然而，这种好虚荣、要面子的心理焦虑具有一定的普遍性，要调整这种心理状态，应该客观地认识自己、认识面子问题，不要对自己提出超出自己实际的期望值。

　　张阿姨年纪并不大，今年刚满四十。在她年轻的时候，圆润白皙的脸上，是很柔和的五官线条，看到邻居小孩的时候，总是要伸手来拧一下人家的脸，然后说"有空的时候到我家来，给你吃糖"。

刚结婚那段日子，她把家里打扫得非常整齐干净，逢人也总是笑呵呵的。在他们那个年代她是非常出色的，相貌端庄，出身好，人也非常能干。

她对丈夫特别好，手也特别巧，结婚了之后，全家老小的毛衣都是她织的。那时候，丈夫也对她特别好，不管冬天夏天，他都坚持给在单位上班的妻子送"爱心午餐"。她的名字里有个"娇"字，每天中午，单位的人都会听到他叫"娇，午餐"，他们单位的人都给她起外号叫"娇午餐"，那段时间他们真的很恩爱，也没有人会怀疑这两个人不会白头偕老。

丈夫是做销售的，现在是个不错的职业，在 20 世纪 80 年代初却并不是很容易做。但他很有韧性，拿出当年追她的劲头，硬是把一间快倒闭的小厂的产品弄活了。她们家成了周围亲朋好友羡慕的对象，他们的房子换大了，买了车，女儿进了学费让人咋舌的私立学校。而很多矛盾也跟着来了。

张阿姨开始喜欢上了有钱人的生活，每天不是上美容院就是和一群麻友们在一起，女儿的学习不管，丈夫回来也是冷锅冷灶。

还不止这些，她成了典型的"怨妇"，丈夫和女儿听见的就只有她抱怨美容院的服务态度不好，怎么最近股票又跌了，快要成穷光蛋了？看见女儿一片红的试卷，马上就是又打又骂。丈夫一回来就训他，这个月的营业额怎么那么少？

刚开始，女儿和丈夫还受得了，可是时间一长，他们父女俩就提出要搬出去住了，后来丈夫提出和她离婚的时候，女儿居然没反对。

这都是欲望惹的祸，这样的女人怎么会有人爱？可能，你的薪水太少、职务太低、工作不顺心、任务繁重，可能你的丈夫不能给你让人羡慕的物质生活，于是，你开始不知足，你开始抱怨。而这些物质生活并不会因为你的抱怨而得到满足，于是，生活中，没有了希望、没有了阳光，怎么会给身边的人带来快乐呢？这种女人自然没有人爱，而一个有修养的人不会让欲望成为自己修养的杂质，她们知道知足常乐的道理，每天锅碗瓢盆的生活也让她们感受到无穷尽的幸福。

心理学家指出，如果我们不加以控制盲目比较的心理的话，轻则会影响到我们的心理健康，严重的甚至会让我们产生心理疾病。而只有做到少一些比较，才能多一些开怀。那么我们该怎样心理调节呢？

1. 通过自我暗示，增强自己的心理承受能力

自我暗示又称自我肯定，这是一种调节心理的强有力的技巧，它可以在短时间内改变一个人对生活的态度，增强对事件的承受能力。具体方法表现为通过具有鼓励性的语言、动作来鼓励自己。比如，当别人取得好成绩时候，你也可以在心中鼓励自己"其实我也很好"之类的语句，久而久之，盲目比较的习惯就会有所改善。

2. 尽可能地纵向比较，减少盲目地横向比较

比较分为纵向比较和横向比较。横向比较指的是将自己与他人比，而纵向比较指的是将昨天的自己和今天的自己比，找到长期的发展变化，以进步的心态鼓励自己，从而建立希望体系，帮助个体树立坚定的信心。

3. 快乐之药可以治疗自卑

生活中，有痛苦也有快乐，快乐之所以快乐，是因为他们善于发现快乐的点滴，而如果一个人总是想：比起别人可能得到的欢乐来，我的那一点快乐算得了什么呢？那么他就会永远陷于痛苦之中，陷于嫉妒之中。

4. 完善自己

一个人如果明白只有完善自己才能逐步提高的道理，也就能转移视线，不仅找到了努力的动力，也会豁然开朗。

总之，比较是一把利剑，这把利剑不会伤到别人，只会伤害自己。它

刺向自己的心灵深处，伤害的是自己的快乐和幸福。俗话说，"人比人，气死人"，人们在没有原则没有意义的盲目比较中容易导致心理失衡。而如果你能放下比较给你带来的枷锁，活出不一样的自我，那么快乐就会如影随形。

别让自己败给了自己的贪婪

我们都知道，人的精力是有限的，我们只有懂得舍弃，做最适合自己的事，才能身轻如燕地前行。其实，我们在生活中，经常会面临很多选择，而有选择，自然就会有放弃。因为鱼与熊掌不可兼得，那么哪个会被你忍痛割爱？人生旅途中，经常会遇到三岔路口，何去何从？

对此，我们始终要记住的一点是，这个世界的每一个角落里，都充满了诱惑。各种各样的诱惑像空气一样，无所不在，无孔不入。我们只有始终告诫自己别贪婪，才能找到自己的位置，才不会迷失自己。

一只正在偷食的老鼠被猫逮住。老鼠哀求："请放过我吧，我会送给你一条大肥鱼。"猫说："不行。"老鼠继续说："我会送给你五条大肥鱼。"猫还是不答应。老鼠仍不死心："你放了我，以后我每天送给你一条大肥鱼。逢年过节，我还会拜访你。"

猫眯起眼睛，不语。

老鼠认为有门儿了，又不失时机地说："你平常很少吃到鱼，只要肯放我一马，以后就可以天天吃鱼。这件事情只有天知地知，你知我知，其他人都不知道，何乐而不为呢？"

猫依然不语，心里却在犹豫：老鼠的主意的确不错，放了它，我能天天吃到鱼。但放了它，它肯定还会偷主人的东西，胆子越来越大。我再次抓住它，怎么办？放还是不放？如果放，它就会继续为非作歹，主人会迁怒于我，把我撵出家门。那时，别说吃到鱼，就连一日三餐都没了着落；如果不放，老鼠及其同伙就会向主人告发这次交易，主人照样会将我扫地出门；如果睁只眼闭只眼，主人会认为我不尽职守，同样会将我驱逐出去。一天一条鱼固然不错，但弄不好会丢掉一日三餐，这样的交易不划算。

　　想到这些，猫突然睁大眼睛，伸出利爪，猛扑上去，将老鼠吃掉了。

　　猫是聪明的，它的选择也是正确的。面对老鼠的许诺，它最终还是选择了一日三餐。一日三餐便是它的底线。猫当然希望一日一鱼，但连起码的一日三餐都保不住的话，一日一鱼便成了水中月、镜中花。

　　的确，很多时候，我们遇到的选项都是非常具有诱惑力的，但却不能同时拥有。在选择时，我们往往会斤斤计较，患得患失，优柔寡断。由于在矛盾中停留太久，什么都想得到，最终却什么都没得到。生活的辩证法就是如此。我们知道，有得就有失，有失也有得，得与失是矛盾的统一体。在鱼和熊掌不可兼得时，你必须有取有舍。取就必须舍，舍了才能取。例如，要成功就必须放弃享乐；选择家庭的同时就得放弃单身生活的很多自由空间；选择内心平静的同时就得放弃对权力和金钱的角逐。

　　人的一生中，总要面对各种选择。很多时候，还必须对遇到的多种可能做出单项选择。例如：未婚时遇到了两个以上令自己心动的异性；有了幸福家庭后却又发现了让自己更为心仪的目标；毕业生选择就业时遇到两份同样待遇丰厚、前景良好的工作；购物时，琳琅满目的商品哪样都令人爱不释手等。当遇到多个选项，而鱼和熊掌又不可兼得的时候，你有能力和魄力作出明智正确的抉择吗？

选择是一门看似简单却十分有讲究的艺术。人的一生，就是一个不断进行选择的过程。选择的正误和效率，是一个人价值取向、思想水平、道德意识和判断能力的综合反映。

一些看似无谓的选择其实是奠定我们一生重大抉择的基础，古人云："不积跬步，无以至千里；不积小流，无以成江海"，无论多么远大的理想，伟大的事业，都必须从小处做起，从平凡处做起，所以对于看似琐碎的选择，也要慎重对待，考虑选择的结果是否有益于自己树立的远大目标。

在面临选择时，我们必须清醒地知道，我们需要什么，哪些才是对自己最重要的，哪些才是最适合自己的。

一位笃信佛陀的人走到了悬崖时，不小心脚下一滑，从高处跌入深谷，所幸抓住了一根树枝。他极其虔诚地求佛陀挽救自己。佛陀真的显灵了。佛陀让他放下手中的树枝，可是那个人却不肯放下，继续把树枝抓得很紧很紧。佛陀摇了摇头说："你不肯放手，任谁也救不了。

山神指引两个穷人到了一个巨大无比的宝库中。进门前，山神叮嘱他们，宝库开启的时间很短，拿到想要的财宝就赶快出来。其中一人进去后，拿了两块黄金就出来了。可另外一人看到里面耀眼的财宝，什么都想要，不知道该拿什么好，正犹豫间，宝库的大门紧紧地关闭了。

可见，有些选项看似诱人，但如果不适合自己，那就要果断舍弃。做出什么样的选择，要视自身条件和具体情况而定，要有主见，不能人云亦云。

有时候，我们选择的似乎只是如何处理问题的方式方法，但实际却也是在对自己的人品、人格作出选择。选择必须考虑到社会效益，不能因一时之快或蝇头小利而失去做人的道德、良心和他人的信任。

总之，人生的大多数时候，无论我们怎样审慎地选择，终归都不会是尽善尽美，总会留有缺憾。但缺憾本身也是一种美。我们不妨想想，就连权倾天下的统治者都无法拥有天下所有的最好的东西，何况是常人。既然做了选择就不要再后悔。只要是最适合自己的，就是明智、理性和智慧的选择。

别让自己成为金钱的奴隶

人生在世，我们都有个共同的愿望，那就是追求幸福、美满的人生。但大多数人却认为，一个人幸福与否是和拥有多少金钱相关联的，因为金钱可以买到很多物质类的东西，比如吃穿住行可以通过金钱来改善。诚然，我们每个人都有追求金钱的权利，但一个人如果不控制自己对金钱的欲望，那么，就容易产生拜金心理。所谓拜金心理，顾名思义，就是崇拜金钱，指的是一个人什么事都向钱方面想，喜欢金钱以至于不顾一切而盲目，是一种极端的心理。被欲望控制的人，在失去理智的同时，往往会葬送自己。难道有钱花就是幸福吗？其实不然，钱财是生不带来死不带去的东西，一个人一生真正需要的物质财富是有限的，一味地拜金，你最终会坠入欲望的深渊。

一旦人的内心被贪欲所吞噬，那他必将被其毒害……人生如同一条河流，有其源头，有其流程，当然也有其终点，而不管流程有多长，有多短，终究都会到达终点，流入海洋。那么在我们活着的时候，有什么欲望是一定非要满足不可的呢？而实际上，我们每天需要的不过是三餐一宿，我们需要的物质财富也不过如此，那既然如此，为什么又要追逐那些身外之财呢？

我们先来看下面一个故事：

从前，有两个非常要好的朋友，他们经常一起干活，一起吃饭，人们都说他们情同手足。这天，他们来到房屋附近的一个树林中散步。

突然，从树林深处窜出一个和尚，和尚慌慌张张的，两人便问发生了什么事。谁知，和尚告诉他们，他在种植小树苗时，突然发现了所挖的坑中有一坛子黄金。

两人一听到是黄金，顿时眼睛里生出了异样的光芒，说："这和尚也太愚蠢了吧，挖出了黄金应该高兴才是，怎么吓成这样子，真是太好笑了。"然后，他们问道："你是在哪里发现的，告诉我们吧，我们不害怕。"

和尚说："我看你们还是不要去，这东西会吃人的。"

两个人异口同声地说："我们不怕，你就告诉我们黄金在哪里吧。"

和尚无奈，只好告诉了他们黄金的位置，两人听完后，就赶紧跑进树林深处，果然，在一个刚挖出的坑中，有一坛子黄金。打开坛子，这两人被黄金反射出的光震到了，谁都想将其据为己有。于是，一人说道："这会儿天还没完全黑下来，要是把黄金拿回去太不安全了，还是等天黑。这样吧，现在我留在这里看着，你先回去拿点饭菜来，我们在这里吃完饭，等半夜时再把黄金运回去。"

于是，另一个人便按照他的朋友办法，回去取饭菜去了。留下的这个人打的主意是：你若回来，我就将你一棒子打死，然后这些黄金都归我了。而回去取饭菜的那个人则是这样打算的——我回去先吃饭，然后在他的饭里下些毒药。他一死，黄金不就都归我了吗？

于是，接下来的一幕发生了：回去的人提着饭菜刚到树林里，就被另一个人从背后用木棒狠狠地打了一下，当场毙命了。然后，那个人看到朋友带来的饭菜，已经饥肠辘辘的他赶紧吃起来，谁知道，吃了几口，就发现肚子很疼，这才知道自己中毒了。临死前，他想起了僧人的话："和尚的话真是应验了，我当初怎么就没有明白呢？"

这个故事惊醒世人，对于钱财的贪念会把人带向罪恶的深渊，让人失去理智。它可以使人相互摧残，甚至使最好的朋友都能反目成仇。当生命都不存在的情况下，聚敛巨额的财富又有何用呢？

　　的确，我们每个人都渴望自己成功、拥有更多的财富。可当这一切都实现的时候，你真的快乐了吗？新华都集团总裁兼 CEO 唐骏曾对成功标准、幸福指数等内容进行了阐述。唐骏表示，如果把所有的人生目标都放在财富上面，纯粹是为了"金钱"两个字，这样的人生并不精彩。唐骏认为，并不是财富拥有得多，幸福指数就变高，财富不等于快乐。那么，什么是成功？你拥有的财富、拥有了地位、拥有了大家的尊重，算不算成功？当然是成功的一些标志，但如果你还想做一个快乐的人，你就必须懂得舍得的智慧，看淡财富甚至需要舍得金钱，你才会真正获得快乐。

　　事实上，"家有黄金万两，每日不过三顿；纵有大厦千座，每晚只占一间"。我们每个人对于物质财富的需要都是一定的，如果我们能看轻金钱，那么我们就能放下很多苦恼，而最为重要的是，在学会自控之后，我们的人生境界必定得到提高，人生必甚畅意。

　　生活中，绝大多数人为了生存而拼命的工作。但有些人却能轻易地或者不择手段地得到所谓的幸福——钱财，这样的幸福不敢苟同。比如，有的贪官聚敛钱财，不择手段，腰包越来越鼓，胆子越来越大。这种人觉得钞票越多越幸福，幸福得已经麻木了。直到走上被告席，才知道拿自己的生命和前途换来的幸福一文不值，却已后悔晚矣。

　　君子爱财应该是取之有道，用之有度。因此，千万不要为了几个小钱而去偷盗，千万别为了财富积累而伤天害理。

　　总之，一个人的人生坐标定在什么位置，就有什么样的幸福。最大的幸福莫过于好好活着，珍惜今天，珍惜当下。人生在世，会经历许多事情，坎坎坷坷，酸甜苦辣，人皆有之。一帆风顺，只是祝福语，一种愿望。其实，幸福就在我们身边，是要寻找和创造的。遵守法律和道德的幸福，要好好珍惜的。反之，离得越远越好。

正确的人生态度才能引领你走向成功和辉煌

生活中，人们常说"人生态度"一词，那么什么是人生态度呢？人生态度，是指人们通过生活实践形成的人生问题的一种稳定的心理倾向和基本意愿。人生态度，主要包括人们对社会生活所持的总体意向，对人生所具有的持续性信念以及对各种人生境遇所作出的反应方式等，是人们在社会生活实践中所形成的对人生问题的稳定的心理倾向。

诚然，我们任何人，都应该有理想、有抱负，但无论如何，都应以正确的人生态度为前提。尤其是对于一些年轻人来说，刚刚踏上人生的漫长路程，美好的明天有待于创造。人生观也正处在形成时期，人生的基本态度还没有完全确立，如果不注意培养正确的人生态度，或者树立起错误的人生态度，将会影响自己的一生。只有树立起正确的人生态度，才能使自己走好人生道路上的各个阶段，才能使自己在复杂的社会之中，正确处理各种矛盾，战胜各种困难，历经曲折的征途，创造美好的人生。

在清代民间，人们常说，"和珅跌倒，嘉庆吃饱"。和珅之所以为千夫所指，可以说，就是因为错误人生态度的形成。

和珅最初为官时一心报效国家，与朝中的清官一起打击福康安、福长安等贪污官员，更在二十六岁时就任管库大臣，管理布库，他从这份工作中学习到如何理财，他勤朴地管理布库，令布的存量大增，他凭借这些才干，得到了乾隆的赏识。乾隆四十年，和珅擢为乾清门御前侍卫，兼副都统。十一月再升为御前侍卫，并授正蓝旗副都统。乾隆四十一年正月，授户部侍郎，三月授军机大臣，四月，授总管内务府大臣。这两年间，和珅清廉为官，勤奋好学，成为一位有为的青年。

乾隆四十五年正月，海宁揭发大学士兼云贵总督李侍尧涉嫌贪污，乾隆下御旨命刑部侍郎喀宁阿、和珅和钱沣远赴云南查办李侍尧。起初毫无进展，后来和珅拘审李侍尧的管家赵一恒，向赵一恒严刑逼供，赵一恒起初还拼死抗争，拒不招认，后来终于奈不住酷刑，把李侍尧的所作所为一一向和珅作了交代。和珅有了坚实的证据，心里就有了底，踏实下来。他把赵一恒交代的事项笔录下来，又命人召来了云南李侍尧属下的大官员，当着他们的面宣告了赵一恒的供述，那些原来忠于李侍尧的官员见和珅已掌握了证据。于是他们纷纷出面指控李侍尧的种种罪行，就连那些曾向李侍尧行贿的官员，也申明自己是迫于李侍尧的淫威，被迫行贿的。和珅取得了实据，迫使精明干练的李侍尧不得不低头认罪。和珅也因此被提升为户部尚书。

李侍尧案审结后，李侍尧被判斩监候，李侍尧和他的党羽一大份财产被和珅私吞，加上乾隆的赏赐，和珅终于初尝掌握大权大财的滋味。四月，长子丰绅殷德，被乾隆指为十公主额驸，领受乾隆赏赐黄金，古董等，百官争相巴结。和珅起初不受贿赂，但日子一长，和珅开始贪污，他广结党羽，形成一股大势力。讽刺的是，党羽中包括当年在云南对和珅百般羞辱的李侍尧，和珅更培植犯罪集团用以迫害政敌，地方势力和人民。俨然成了一个金字塔式的大贪污集团，和珅就立在金字塔的顶端。

嘉庆登基后，曾列出和珅二十条罪状。后被嘉庆皇帝赐死。

乾隆年间，和珅为皇上宠信之极，官阶之高，管事之广，兼职之多，权势之大，清朝罕有。但这一切都是过眼云烟，损害了人民的利益，欺上瞒下，最终落得了个狱中自尽并遗臭万年的凄惨结局。而我们不难发现，为官之初的和珅原本是个清廉之人，但李侍尧案后，他尝到了金钱的滋味，形成了错误的人生态度，最终成千古恨。

其实，我们不难发现，即使在今天，也有一些人，他们原本一直都是走在一条正确的人生道路铺成的康庄大道上，但却经不住诱惑，为自己埋下了毁灭的炸弹。这种错误的人生态度一旦蔓延到民族或者人类这一大群体上，就会产生严重的后果。

树立正确的人生态度和人生哲学并始终贯彻执行，这是现在对我们每一个人的最大要求。只有这样才能使我们每一个人的人生走向成功和辉煌，同时也是人类走向和平和幸福的王道。如果你能把这样的活法当做人生指南我就不胜荣幸了。

那么，什么是人生态度呢？人生态度就是对待人生的心态和态度，就是把人生看作什么。它是人生观的主要内容，也是人生观的直接反映和体现。它需要了解的是"人究竟应该怎样活着"的问题。不同的态度产生不同的人生和价值观。比如，游戏人生和有所作为、努力争取还是听天由命、善待生活还是得过且过都是不同人生态度的反映。

由此看来，一个人如果没有正确的人生态度，他不仅在每个具体问题上失败，而且他的一生也不会有一个好的结局。树立起正确的人生态度，不仅可以使人们处理好人生道路上的各种具体问题，迈好人生道路上的每一步，而且可以使人们几十年如一日，走出一条美好光明的人生历程。

第 08 章

静以修身，
你需要随时修剪你的欲望

　　我们都知道，人是一个欲望和需求不断膨胀的动物，也正是由于不断增长的渴望，才使得一个人不断成长。但欲望是人的痛苦根源，因为欲望永不能被满足。然而，在这个纷嚷嘈杂的世界中，金钱、美色、权力、地位、名声充斥了整个现实生活，给人们太多的诱惑，我们若想获得幸福和快乐，就要做到控制自己的欲望，就要做到静心修身，我们不必追求什么超然的人生境界，只要学会用一颗纯洁的心灵、乐观的心情和善良的心肠真实地去对待，用心去感受生活的可贵，领悟生活的真谛，保持一种恬淡的心情，轻松地去享受人生的一些小乐趣就足够了。

把控欲望，别让它控制你

现代社会，人们抱怨，活着真累。而人为什么活得累？就是因为要的东西太多。情感、物质、名利，不但要拥有，还要拥有最好的。于是乎，追求无止境，欲望无止境，好不容易得到了，又这山看着那山高。于是乎，还得追求，还要奋斗。好不好呢？好。人如果没有了追求，岂不成了行尸走肉！但凡事有度，如果因为追求更高更好而放弃了已经拥有的东西，如果因为奋斗失去了享受的过程，那就本末倒置了。毕竟，不是每个人都能成为比尔·盖茨，也不是每个人都能成为商界精英、政界豪客。所以，要想活得轻松，就得学会放下。放下无止境的追逐，放下永不知足的欲望，那么你收获的就是一颗平常心，一份淡然的快乐！

在泰国曼谷，有一座寺院，因为位置偏远，所以香客很少。

原来的住持圆寂后，索提那克法师来到寺院做新住持。初来乍到，他绕着寺院四周巡视，发现寺院周围的山坡上到处长着灌木。那些灌木呈原生态生长，树形恣肆而张扬，看上去随心所欲，杂乱无章。索提那克找来一把园林修剪用的剪子，不时去修剪一棵灌木。半年过去了，那棵灌木被修剪成一个半球形状。

僧侣们不知住持意欲何为。问索提那克，法师却笑而不答。

这天，寺院来了一个不速之客。来人衣衫光鲜，气宇不凡。法师接待了他。寒暄，让座，奉茶。对方说自己路过此地，汽车抛锚了，司机在修车，他进寺院来看看。

法师陪来客四处转悠。行走间，客人向法师请教了一个问题："人怎样才能清除掉自己的欲望？"

索提那克法师微微一笑，折身进内室拿来那把剪子，对客人说："施主，请随我来！"

他把来客带到寺院外的山坡。客人看到了满山的灌木，也看到了法师修剪成型的那棵。

法师把剪子交给客人，说道："您只要能经常像我这样反复修剪一棵树，您的欲望就会消除。"

客人疑惑地接过剪子，走向一丛灌木，"咔嚓咔嚓"地剪了起来。

一壶茶的工夫过去了，法师问他感觉如何。客人笑笑："感觉身体倒是舒展轻松了许多，可是日常堵塞心头的那些欲望好像并没有放下。"

法师颔首说道："刚开始是这样的。经常修剪，就好了。"

来客走的时候，跟法师约定他十天后再来。

法师不知道，来客是曼谷最享有盛名的娱乐大亨，近来他遇到了以前从未经历过的生意上的难题。

十天后，大亨来了；十六天后，大亨又来了……三个月过去了，大亨已经将那棵灌木修剪成了一只初具规模的鸟。法师问他，现在是否懂得如何消除欲望。大亨面带愧色地回答说，可能是我太愚钝，眼下每次修剪的时候，能够气定神闲，心无挂碍。可是，从您这里离开，回到我的生活圈子之后，我的所有欲望依然像往常那样冒出来。

法师笑而不言。

当大亨的鸟完全成型之后，索提那克法师又向他问了同样的问题，他的回答依旧。

这次，法师对大亨说："施主，你知道为什么当初我建议你来修剪树木吗？我只是希望你每次修剪前，都能发现，原来剪去的部分，又会重新长出来。这就像我们的欲望，你别指望完全消除。我们能做的，就是尽力把它修剪得更美观。放任欲望，它就会像这满坡疯长的灌木，丑恶不堪。但是，经常修剪，就能成为一道悦目的风景。对于名利，只要取之有道，用之有度，利己惠人，它就不应该被看作是心灵的枷锁。"

大亨恍然。

此后，随着越来越多的香客的到来，寺院周围的灌木也一棵棵被修剪成各种形状。这里香火渐盛，日益闻名。

的确，我们心中的欲望，有时就像树木长出的枝蔓，稍不留神就一个劲地疯长，遮盖我们的视野，甚至连心灵的光明也没淹没了，只有不断修剪，才能让我们的眼界豁然开朗！

在物质财富极大丰富、文化多元的现代社会，人们的需求和欲望不断地膨胀，人们很容易在追求物质的感官享受中逐渐迷失了自我，像一艘失去航向和动力的大船，或远离航道，或停滞不前。事过之后才清醒，却只有追悔莫及，抱憾终身。

在俄国诗人涅克拉索夫的长诗《在俄罗斯，谁能幸福和快乐》中，诗人找遍俄国，最终找到的快乐人物竟是枕锄瞌睡的农夫。是的，这位农夫有强壮的身体，能吃、能喝、能睡，从他打瞌睡的倦态中以及打呼噜的声音中，无不飞扬和流露出由衷的开心。这位农夫为什么能开心？不外乎两个原因，一是知足常乐，二是劳动能给人带来快乐和开心。

法国杰出作家罗曼·罗兰说得好，"一个人快乐与否，绝不依据获得了或是丧失了什么，而只能在于自身感觉怎样。"

可能自从你走出学校后，就一直在努力奋斗，而现在的你也已经有了自己的事业，甚至日进斗金，腰缠万贯。但你是否发现，你总是很难快乐起来，那么你要反省一下，你的生活中可能缺少了点什么。那就是一份平和的心态。要知道，获得越多，并不一定带来快乐，一个人只要内心平和，就可以活得快乐！

丢掉虚荣，让心淡然

我们知道，人人都有自尊心，然而，当自尊心受到损害或威胁时，或自尊心过于强烈时，就可能产生虚荣心。有人说，虚荣心与欲望是相伴相生的，当我们的内心被虚荣心占据时，很多不合理的欲望也就随之出现了，最终很有可能发生人生观和价值观的扭曲，甚至通过炫耀、显示、卖弄等不正当的手段来获取荣誉与地位。心理学家指出，如果我们不加以控制虚荣心的话，轻则会影响到我们的心理健康，严重的甚至会让我们产生心理疾病。而只有做到少一些比较，才能多一些开怀。

布思·塔金顿是 20 世纪美国著名的小说家和剧作家，他的作品《伟大的安伯森斯》和《爱丽丝·亚当斯》均获得普利策奖。在塔金顿声名最鼎盛时期，他在多种场合讲述过这样一个故事：

那是在一个红十字会举办的艺术家作品展览会上，我作为特邀的贵宾参加了展览会。其间，有两个可爱的十六七岁小女孩来到我面前，虔诚地向我索要签名。

"布思没带自来水笔,用铅笔可以吗?"我其实知道她们不会拒绝,我只是想表现一下一个著名作家谦和地对待普通读者的大家风范。

"当然可以。"小女孩们果然爽快地答应了,我看得出她们很兴奋,当然她们的兴奋也使我备感欣慰。

一个女孩将她的非常精制的笔记本给我,我取出铅笔,潇洒自如地写上了几句鼓励的话语,并签上我的名字。女孩看过我的签名后,眉头皱了起来,她仔细看了看我,问道:"你不是罗伯特·查波斯啊?"

"不是。"我非常自负地告诉她,"我是布思·塔金顿,《爱丽丝·亚当斯》的作者,两次普利策奖获得者。"

小女孩将头转向另外一个女孩,耸耸肩说道:"玛丽,把你的橡皮借我用用。"

那一刻,我所有的自负和骄傲瞬间化为泡影。从此以后,我都时时刻刻告诫自己:无论自己多么出色,都别太把自己当回事。

从这个故事中,我们可以得出的一点是,虚荣心要不得。有时候,在我们看来可以炫耀一番的事,也许在别人眼里不值一提,甚至会让他人产生鄙夷的情绪。也就是说,无论如何,我们都要低调一点,绝不可因为自己一点小成就而沾沾自喜。

日本京瓷公司的创始人稻盛和夫曾说:"欲望和烦恼其实也是人类生存下去的动力,不能一概加以否定。但是,同时也有狠毒的一面,不断使人类痛苦,甚至断送人的一生。如此看来,所谓人类,是何等因果报应的动物啊!因为我们自己生存中不可或缺的动力,同时又是可能致使自己不幸甚至毁灭的毒素。"事实上,当生活越简单时,生命反而越丰富,尤其是少了物质欲望的牵绊,我们越是能够从世俗名利的深渊中脱身,越是能感受到自己内心深处的宽广和明净。因此,每一个人都应懂得"修剪"自己的欲望。

生活中的人们，如果你也有虚荣心，那么，你最好做自己的心理医生，从以下几个方面做好心理调节。

1. 完善自己

一个人如果明白只有完善自己才能逐步提高的道理，也就能转移视线，不仅找到了努力的动力，而且也会豁然开朗。

2. 尽可能地纵向比较，减少盲目地横向比较

比较分为纵向比较和横向比较。横向比较指的是将自己与他人比，而纵向比较指的是将昨天的自己和今天的自己比，找到长期的发展变化，以进步的心态鼓励自己，从而建立希望体系，帮助个体树立坚定的信心。

3. 正确认识荣誉

通常情况下，虚荣的人都很爱面子，希望得到别人的肯定和赞扬，希望每一个人都羡慕自己。要避免形成爱慕虚荣的性格，你就必须以正确的心态面对荣誉，每个人都应该争取荣誉，这是激励自己前进的动力，但绝不能以获得面子为目的。许多事实证明，仅仅为了获取荣誉而工作的人，往往与荣誉无缘。倒是不图虚荣浮利的人，常常会"无心插柳柳成荫"，于不知不觉中获得荣誉。也就是说，只要我们脚踏实地地做好本职工作，淡化名利，荣誉自然会光顾我们。

4. 脚踏实地

脚踏实地的人懂得通过自己的双手和劳动来获得物质和财富，这样的人才是最可爱的、令人敬佩的。

总之，你需要明白的是，虚荣心本身说不上是一种恶行，但不少恶行都围绕着虚荣心而产生。这种心理如同毒菌一样，消磨人的斗志，戕害人的心灵。为此，你必须要做到防微杜渐，不要让虚荣心滋生。

人生沉浮，平静看待方能收获幸福

生命是个奇怪的东西，自从我们来到人世，似乎就在为所谓的幸福努力着，于是很多人毕生都在奋斗，努力地证明自己生命的不平凡。有的人选择了用事业上的成功来证实，有的人用不断争取来的权势来证实，有的人凭借巨额财产来证实，有的人用满腹的才华来证实……有的人成功了，也有一些人失败了，面对人生沉浮、得失荣辱，他们倾注了太多的精力，给自己施加了太大的压力，于是，他们一生都在忙忙碌碌，到头来却不知道自己在忙什么。这样的人生注定是悲哀的，所谓的名利、金钱，到头来不过还是一场空。只有平静看待我们才能收获幸福，我们才能更好地走好前方的路。

从前，在一家寺庙，住着一位师傅和他的弟子。

某个春风和煦的日子里，师傅带着小和尚来到寺庙的后院，将冬天里的那些枯叶扫除。

小和尚说："师傅，枯叶是养料，快撒点种子吧！"

师傅曰："不着急，随时。"

后来，拿来了种子，师傅告诫小和尚去种了，但却被风吹走了不少。

小和尚着急地对师傅说："师傅，好多种子都被吹飞了。"

师傅说："没事，吹走的种子是空的，即使种下去也不会发芽，随性。"

刚撒完种子，又飞过来几只小鸟，将土里的种子都刨出来，小和尚赶紧赶走了小鸟，然后很着急地告诉师傅："糟了，种子都被鸟吃了。"

师傅说："急什么，种子多着呢，吃不完，随遇。"

好不容易种完了种子，谁知道，半夜居然下起了暴雨，小和尚惊醒之后想起了种子，赶紧跑到师傅房间哭诉："这下全完了，种子都被雨水冲走了。"

师傅答："冲就冲吧，冲到哪儿哪就是种子生根的地方，随缘。"

几天过去了，昔日光秃秃的地上长出了许多新绿，连没有播种到的地方也有小苗探出了头。小和尚高兴地说："师傅，快来看哪，都长出来了。"

师傅此时依然十分平静，对小和尚说："应该是这样吧，随喜。"

这则故事告诉我们，人生无常，但只要我们保持内心平静，那么无论外在世界怎么变化莫测，我们都能坦然面对，做到不为情感左右，不为名利所牵引，从而洞悉事物本质，完全实事求是。

然而，"宠辱不惊，看庭前花开花落；去留无意，望天空云卷云舒"，这份闲散与安逸，对于现代社会的人们来说，或许真的是一种奢望。每个人都有决定自己生活的权利，何必让自己那么疲惫。放慢你的脚步，尽情地呼吸，尽情地欢笑，让生活中多一些温馨，生命少一份遗憾。有人说，旅途是繁忙的，必须抓紧时间赶路；有人说，旅途是悠闲的，应该缓缓而行；还有人说，旅途的终点是归宿，何来紧迫与悠闲……

的确，宠辱不惊的人在面对生活的快意和失意之时都会有一种淡然的心态。会懂得如何对待与处理问题。

首先，他会明确自己的生存价值，能够以这样的格言来勉励自己："由来功名输勋烈，心中无私天地宽。"一个人若心中无过多的私欲，又怎会患得患失呢？

其次，他会认清自己所走的路，不过分在意得失，不过分看重成败，不过分在乎别人对他的看法。他会坚信：只要自己努力过，只要自己曾经奋斗过，做了自己喜欢做的事，还有什么在心里放不下的呢？诚然，有时候，我们会遭遇一些恶劣的命运，但除了认清事实、勇敢接受外，我们还必须努力改变现状，争取走出困境，赢取美好的生活。当然这个过程，必定是个经受痛苦的过程，因此，保持一份平常心就尤为重要，否则人就会永远在痛苦中打转，找不到解脱的光明之路。

人的一生，会遇到成功，也会遇到失败，有一帆风顺的惬意，也有遭受挫折的沮丧，有不期而至的欣喜，也有排遣不去的惆怅，曲曲折折，是是非非，如何面对，关键是心态问题，适时调整好自己的心态，真正做到去留无意，也不是一句话的问题。

首先，我们需要拥有一颗感恩的心，善于发现事物的美好，感受平凡中的美丽，那我们就会以坦荡的心境，豁达的胸怀来面对生活中的每一份酸甜苦辣，让原本平淡乏味的生活焕发出迷人的色彩，那么你会发现，磨难与逆境也不过是飘来的"浮云"。其实，挫折也是人生的一笔财富。没有挫折的人生，从某种意义上来说是黯然失色的。说"挫折是人生的财富"，最主要的一点是挫折会让我们变得聪明，变得坚强，变得成熟，变得完美。当然，这首先需要我们经得住挫折。

其次，我们需要拥有一份平常心。人生不可能总是大红大紫，不可能总是处于巅峰状态，也有可能处于低谷，也可能遭遇不顺，这就是人生。但总的来说，人生是平淡的，对待平淡的人生，我们也应该让自己的心静下来。懂得了这个道理，得意时你才不至于猖狂；失意时，你才不至于绝望；孤独时，才不会心情惆怅。

总之，人生的平淡和起起伏伏都是一种生命的轨迹，而只有内心平和的人才能体味其中的真谛，因此，我们不妨以平常心看待生活，用心去享受简单生活中的快乐、幸福！

放任自己对名利的欲望只会让你迷失自我

自古以来，功名利禄就像一个明星一般，有数不清的追随者，可以说，当今世人没有谁能回避得了"名利"二字！只不过有的人名小，有的人名大；有的人利少，有的人利多。有的人为出大名获大利，追求了一生一世。也许人们觉得，只有获得了名利，才会感觉到快乐，但果真如此吗？答案是否定的，适度地追求名利是可取的，但如果你放任自己对名利的欲望，使之超出理智的话，那么，就会常常迷失自我，甚至葬送生命。

的确，名利是一把"双刃剑"，关键看我们怎么掌握，掌握好了我们会一路光明，风光无限好。而掌握不好，也可利令智昏损人亦损己。因此，没有名利，我们也不可太过焦躁；有了名利应当加倍珍惜，如果过分地看重它，往往就会为其所累，以致精疲力竭得不偿失。毕竟人活着不是为了名利，而是为了人生的幸福和快乐。

春秋战国时期，越王勾践经过 20 年的卧薪尝胆后，终于一雪前耻，灭掉了吴国，这是众人皆知的故事，但越王勾践之所以能成功，得归功于越王的臣子范蠡。范蠡不但是一个忠心耿耿的臣子，还是一个懂得为人处世的智者。

勾践的确是一个可以吃苦耐劳之人，能与之共苦，但不能同甘。范蠡被任命为大将军后，自忖长久在得意之至的君主手下工作是危机的根源。于是他便向勾践表明自己的辞意，勾践并不知道范蠡的真实意图，于是拼命挽留他。但范蠡去意已定，搬到齐国居住，自此与勾践一刀两断，不再往来。

移居齐国后，范蠡不问政事，与儿子共同经商，很快成为富甲一方的大富翁。齐王也看中他的能力，想请他当宰相，但被他婉言谢绝了。他深知"在野而拥有千万财富，在朝而荣任一国宰相，这确实是莫大的荣耀。可是，荣耀太长久了反而会成为祸害的根源"。于是，他将财产分给众人，又悄悄离开了齐国，到了陶地。不久后，他又在陶地经营商业成功，积存了百万财富。

范蠡确实是个聪明的人，能帮助越王勾践重获江山，更难能可贵的是，他更懂得在受功之时全身而退。他之所以这样做，个中原因必定也与其深谙人生幸福真谛有极大的关系吧。

诚然，社会竞争之激烈要求我们做到不断充实自己，否则将会被社会淘汰，但如果一味地以追名逐利为目的，那么在不断的追逐中，我们终将会失去自我而成为名利的奴隶。因此，我们需要常常自省，检查自己的行为与思想是否偏离了人生的轨道。

轻看名利淡如水。人生于世，若能学水的清澈本性和"利万物而不争"的品格，则不仅精神居于高处，人生也将进入开阔处。要达到如此境界，最需摆脱名缰利锁的束缚。雁过留声，人过留名，想留个好名声，无可厚非，但不能为名所累。

在名利面前，英雄岳飞仰天长叹："三十功名尘与土"，把功名视为尘土；唐代大诗人杜牧歌曰："莫言名与利，名利是身仇"，都可谓淡然与洒脱。

古人云，"天下熙熙，皆为利来，天下攘攘，皆为利往。"司马迁也说："君子疾没世而名不称焉，名利本为浮世重，古今能有几人抛？"由此可知，淡泊名利甚难笑看人生亦难，说起轻松做起难，就连儒家大师朱熹也感叹道："世上无如人欲险，几人到此无误平生。"没有一定的身心修养和良好的心里素质，就不要去想淡泊名利，笑看人生的做人哲理了。众多的学问家都是淡泊名利的佼佼者。他们对个人的名利常常采取漠然冷淡和不屑一顾的态度，而把主要精力放在对理想、事业的追求上。

而相反，把目光盯在名利上，其害无穷。名利不至，烦恼倍生。名利如同大山压于心头，再无继续前进的勇气；名利已取，烦恼不减，还有更大的诱惑刺激，永远不会有满足的时候。恼恨如海之大潮，一浪高过一浪，激人肝火，动人心性，以至不知路该怎样走，人该怎样做。为谋名利，甚至会背弃做人的准则。正如古人所说："利旁有倚刀，贪人还自贼（自害）"。

我们常常为一日三餐疲于奔命，也常常为薪酬待遇而斤斤计较，如果我们能静下心来清理一下自己迷乱的心灵，你会发现，对于名利，只要你看淡一点，就会拥有一个好的心境。天雨人悲、月黯神伤的困惑便会离你而去；无论何时，你都会平平淡淡开开心心。淡泊名利了，你会感到人生的美好和生活的温馨！

第 09 章

摒弃完美，
要什么完美，你就是最好的

　　"金无足赤，人无完人"，大概我们每个人都知道这个道理，但是在对自身和生活的要求上，我们却不能放平心态，并且，随着我们欲望的增强，对生活的要求越来越高，我们越是做不到放松心境，事实上，事物总是遵循着自身的规律发展，即便不够理想，它也不会因为人的主观意识而发生改变。不完美的生活才是真实的，也才是美丽的，花开虽艳迟早要败，燕舞虽美却秋来南飞。完美的生活只会让生命失去意义、失去真实，失去意气风发的自我。所以，我们不能苛求自己的一切完美，容许生活存在缺陷，容许自己犯一次错，不要总是为自己无可挽回的过去忏悔，凡事淡然，快乐、幸福就会常伴我们左右。

喜欢自己，认可自己

在这个世界上，没有完美的人。每个人天生就有各种各样的缺陷，有的人太胖，有的人太瘦，有的人太高，有的人太矮，有的人性格急躁，有的人没有耐心，有的人心胸狭隘，有的人做事情磨磨蹭蹭……面对这些形形色色的缺点，为了给别人留下美好的印象，有些人刻意掩饰，生怕被别人发现。其实，这样的做法非但于事无补，反而还会事与愿违。很多时候，我们伪装自己，讨好别人，最终却因为失去真我而变得毫无个性可言，反而无法赢得人们衷心的喜爱。其实，这个世界上，不管一个人的表现多么好、多么出色，都无法让每一个人都喜欢自己，认可自己。实际情况是，总会有人因为某些原因不喜欢有些人的表现，不认可和肯定某些人。因此，才有了"物以类聚，人以群分"的祖训。实际上，你只要做好自己，自然就会有与你脾气、秉性相投的人喜欢你。

每一个人都应该扪心自问：我喜欢自己吗？曾经有心理学家提出一个观点，就要想让别人真正喜欢你，就要培养让自己喜欢自己的特质。换言之，就是要形成自己的个性，做最本真的自己。听到这句话，你可能会觉得很惊讶。通常情况下，大多数人都觉得只有美貌、财富、良好的与人交往的能力才能吸引别人，但是这却并不是你需要具备的特质。其实，在生活中，有很多人既不美丽，也不富有，但是却总是能受到朋友的喜爱，解其原因，是由于他们真心喜欢自己。

朵朵从小就长得很胖，高中的时候，朵朵曾经为了减肥而节食，每天只吃黄瓜和西红柿，不过以贫血晕倒而告终。上大学了，看着班里的女同学每天花枝招展的，朵朵的心里又开始长草了。好在大学离家很远，妈妈鞭长莫及，所以朵朵这次下定决心要减肥。她每个月省吃俭用，把妈妈给的生活费节省了一部分，办了一张健身卡。为此，朵朵疯狂地锻炼，一有时间就去健身房跑步、游泳，第一个月的时候，朵朵的体重确实有所下降，不过，从第二个月开始，体重非但没有继续下降，反而恢复了常态。后来，朵朵听同学们说最近很流行针灸减肥，因此她也想试一试，但是一想到要把长长的针扎进身体里，她又有点儿犹豫，因为她很怕疼。夏天来了，看着女同学们婀娜曼妙的身姿，再看看自己臃肿的没有腰身的身材，连连衣裙都不能穿，朵朵一狠心去针灸了。针灸减肥的确有点儿效果，但是效果却并非像同学们说的那么明显。渐渐地，朵朵的心思不在学习上了，她的学习成绩就由班级前三名变成了三十几名，甚至，她期终考试的时候因为有一门课程的成绩不及格，必须重修。妈妈得知这件事情之后，非常痛心。为了帮助朵朵摆正心态，她劝朵朵去咨询一下心理医生，看看怎样排解这种忧郁的情绪。为此，朵朵去咨询了心理医生。得知朵朵的妈妈和姥姥也比较胖之后，心理医生问："因为比较胖，你觉得自己有什么不舒服的地方吗？"朵朵说没有。心理医生又问："我很理解你想把自己变得苗条起来的迫切心理，不过，我觉得和身材的苗条比起来，心灵的健康是更加重要的。人们常说，心宽体胖，我想你的妈妈和姥姥一定生活得很快乐吧？"朵朵思索片刻，肯定地说："是的，妈妈和姥姥总是乐观地面对生活，很少看到她们愁眉不展。"心理医生接着说："是啊，我想，你也一定像你的妈妈和姥姥一样快乐地生活，当然，前提是你要放开自己的心结，要从心底里接受自己比较胖的事实，喜欢自己，认可自己，毕竟，虽然你身体比较胖，但是你的心胸非常开阔，所以你的热情、乐观一定能够使你周围的人非常喜欢和你交朋友。要知道，即使是再美丽的容颜，也会老去，而只有富于魅力的人格，才能够保持永久的魅力。"听到这里，朵朵若有所思地点点头说："我明白了，既然无法改变，我就要真心地接受自己，只有这样，我才会放下心中的负累，变得像以前一样快乐。"从此，朵朵像变了一个人似的，再也不过于在意自己的身材，而是快快乐乐地生活，很快，同学们发现了朵朵的变化，都喜欢和这个热情开朗、积极自信的女孩交往。

很多时候，我们总是会对自己的某些地方不太满意，假如是可以改变的，经过努力改变了当然是皆大欢喜，但是如果是无力改变的，那么就应该顺其自然，坦然接受。就像故事里的朵朵，因为妈妈和姥姥都比较胖，所以她的身材完全是遗传导致的。因此，常规的减肥方法对她收效甚微。假如朵朵一直纠结于减肥的事情，不但会使学习成绩一落千丈，甚至还会使自己的身体状况变得越来越差。幸运的是，在心理医生的开导下，她认识到了人生最重要的是健康快乐，并且及时调整了自己的想法，所以才能重新恢复积极乐观的生活。

不得不承认，人的本性决定了人们只有受到适当的鼓励才会有更大的动力。传统和世俗使人们习惯于说话办事都得到别人的认可。一旦自己的某些举动和建议得不到别人的赞许，就会感觉到出了问题，无法放心。这样一来，就在不知不觉之中放弃了主宰自己、独立行事的权利，过于在意别人的评价。面对别人的表扬，我们总是觉得非常快乐，感到自己是有价值的。不过，凡事有度，虽然我们喜欢得到表扬，但是却不能把表扬作为自己生活的唯一目的。否则，就会事与愿违。人们常说，一千个人的眼中有一千个哈姆雷特。其实，不仅对待哈姆雷特的评价不一，在生活中，面对一个凡夫俗子，人们也会有不同的想法和看法。因此，我们不要过于在意别人的评价，为了迎合别人而改变。正确的做法是，喜欢自己，认可自己，保持自己的独立个性，还原真我的面貌和风采。

但丁曾经说过，"走自己的路，让别人说去吧。"其实，每个人都有属于自己的人生。既然是自己的人生，就要按照自己的方式去生活，实现自己的人生目标。因此，我们应该从心底里接受自己，认可自己，喜欢自己，只有这样，才能坚定地走自己的人生之路。

不苛求生活，不完美的才真实

我们任何一个人都知道，人无完人，但对于生活，人们却不能以同样的心态面对，他们总是希望生活可以过得更好，总是认为自己可以获得更多，总是苛求生活。而很多不快乐的人，他们痛苦的来源就是"把自己摆错了位置"，总要按照一个不切实际的计划生活，总要跟自己过不去，总觉得生不逢时，机遇未到，所以整天闷闷不乐。而快乐的人明智地摆正了自己的位置，工作得心应手，生活有滋有味。因为他们懂得生活的艺术，知道适时进退，取舍得当。快乐把握在今天，而不是等待将来。

唐代有一位丰干禅师，住在天台山国清寺。一天，他在松林漫步，山道旁忽然传来小孩啼哭的声音，他循声望去，原来是一个稚龄的小孩，衣服虽不整，但相貌奇伟。丰干禅师问了附近村庄的人家，没有人知道这是谁家的孩子。丰干禅师不得已，只好把这个男孩带回国清寺，等待人家来认领。因为他是丰干禅师捡回来的，所以大家都叫他"拾得"。

拾得在国清寺安住下来，渐渐长大以后，上座就让他做添饭的工作。时间久了，拾得也交了不少道友，其中有一个名叫寒山的贫子，与他相交最为莫逆，因为寒山贫困，拾得就将斋堂里吃剩的饭用一个竹筒装起来，给寒山背回去。

有一天，寒山问拾得："如果世间有人无端地诽谤我、欺负我、侮辱我、耻笑我、轻视我、鄙贱我、厌恶我、欺骗我，我要怎么做才好呢？"

拾得回答道："你不妨忍着他、谦让他、任由他、避开他、耐烦他、尊敬他、不要理会他。再过几年，你且看他。"

寒山再问道："除此之外，还有什么处世秘诀，可以躲避别人恶意的纠缠吗？"

拾得回答道："弥勒菩萨偈语说——

老拙穿破袄，淡饭腹中饱，补破好遮寒，万事随缘了；

有人骂老拙，老拙只说好，有人打老拙，老拙自睡倒；

有人唾老拙，随他自干了，我也省力气，他也无烦恼；

这样波罗蜜，便是妙中宝，若知这消息，何愁道不了？

人弱心不弱，人贫道不贫，一心要修行，常在道中办。

如果能够体会偈语中的精神，那就是无上的处世秘诀。"

有人说寒山、拾得乃文殊、普贤二大士的化身。台州牧闾丘胤问丰干禅师："何方有真身菩萨？"意指丰干乃弥陀化身，惜世人不识，二人隐身岩中，人不复见。寒山、拾得二大士不为世事缠缚，洒脱自在，其处世秘诀确实高人一等。

俗话说："命里有时终须有，命里无时莫强求"。生活对于每个人来说，蕴藏着无限的哲理与深意，要做到不为世事缠缚，洒脱自在，就必须对生活的要求不能太多。

我们都知道，世间万物、花花草草都有其一定的生长规律，人若也能像顺应花草的自然天性一样去顺应自己的能力和体力，不在自己力所不能及的事情上强出头，就能营造自己理想中的生活，做自己理想中的自我。

而事实上，生活中，有太多的完美主义者，他们放不下执拗的对生活苛求的态度，他们对事物一味理想化的要求导致了内心的苛刻与紧张，因此，常常不能平和心态，追求完美的同时也失去了很多美好的东西。

其实，事物总是循着自身的规律发展，即便不够理想，它也不会因为人的主观意识而发生改变。不完美的生活才是真实的，花开虽艳迟早要败，燕舞虽美却秋来南飞。完美的生活只会让生命失去意义，失去真实，失去意气风发的自我。所以，我们不能苛求自己的一切完美，容许生活存在缺陷，容许自己犯一次错，不要总是为自己无可挽回的过去忏悔，我们只有在一次次实践中才能懂得自己的欠缺所在，在不断完善的自我中去追求完美。

在这样一个讲究包装的社会里，我们常禁不住羡慕别人光鲜华丽的外表，而对自己的欠缺耿耿于怀。我多年观察发现没有一个人的生命是完整无缺的，每个人都会缺少一些东西。

有的夫妻恩爱、月入数十万元，却是有严重的不孕症；有的才貌双全、能干多财，情字路上却是坎坷难行；有的家财万贯，却是子孙不孝；有的看似好命，却是一辈子脑袋空空。每个人的生命，都被上苍划上了一个缺口，你不想要它，它却如影随形。

因此，对于生活中的缺失和不足，你不妨宽心接受，放下无谓的苛求和比较吧，这样反而能更珍惜自己所拥有的一切。

学会接受残缺，让自己更坚强

天有阴晴，月有圆缺，人的一生总有遗憾和不尽如人意的地方，比如生老病死、前途渺茫的窘境，学业工作不顺、事业爱情冲突、婚姻家庭不美满等。这些方面不仅构成了我们不完美的人生，而且让我们常常在失意中挣扎。其实，追求完美的人生是一种美好愿望，而接纳不完美的人生更是一种崇高的境界。在生活中，我们不仅要从容对待打击和失意，还要学会接纳残缺，唯有从心底接纳一切，把这一切看成是人生的一个阶段而不是全部，我们才有可能创造更美好的未来。

人生旅途漫漫，难免会遇到很多困难，但幸福与否，绝对取决于我们的心态，如果你懂得接纳，那么你会发现，活着就是一种幸福；而如果你苛求完美，那么即使家财万贯也无法填满你的内心。

美国人克里斯托弗·里夫在电影《超人》中扮演超人而一举成名。但谁能料到，一场大祸会从天而降呢？

1995年5月27日，里夫在弗吉尼亚一个马术比赛中发生了意外事故，以致头部着地，第一及第二颈椎全部折断。5天后，当里夫醒来时，医生说不能够确保里夫能活着离开手术室。

那段日子里夫万念俱灰，许多次他甚至想轻生。出院后，为了平缓他肉体和精神上的伤痛，家人便推着轮椅上的他外出旅行。有一次，小车正穿行在落基山脉蜿蜒曲折的盘山公路上。克里斯托弗·里夫静静地望着窗外，发现每当车子行驶到无路的关头，路边都会出现一块交通指示牌："前方转弯！"或"注意！急转弯"的警示文字赫然在目。而拐过每一道弯之后，前方照例又是一片柳暗花明、豁然开朗。山路弯弯、峰回路转，"前方转弯"

几个大字一次次地冲击着他的眼球，也渐渐叩醒了他的心扉；原来，不是路已到了尽头，而是该转弯了。他恍然大悟，冲着妻子大喊一声："我要回去，我还有路要走。"

从此，他以轮椅代步，当起了导演。他首席执导的影片就荣获了金球奖；他还用牙关紧咬着笔，开始了艰难的写作，他的第一部书《依然是我》一问世就进入了畅销书排行榜。与此同时，他创立了一所瘫痪病人教育资源中心，并当选为全身瘫痪协会理事长。他还四处奔走，举办演唱会，为残障人的福利事业筹募善款，成了一个著名的社会活动家。

最近，美国《时代周刊》报道了克里斯托弗·里夫的事迹。在这篇文章中，他回顾自己的心路历程时说："以前，我一直以为自己只能做一位演员；没想到今生我还能做导演、当作家，并成了一名慈善大使。原来，不幸降临的时候，并不是路已到了尽头；而是在提醒你：你该转弯了。"

一次偶然的事件，让原本几乎绝望的克里斯托弗·里夫重新选择了一条人生的路。在这条路上，他同样取得了成功甚至是辉煌。在面对身体上的巨大折磨时，和克里斯托弗·里夫一样，可能很多人都会有轻生的念头，但是，请想一下，如果选择了真正的绝望，向所谓的命运妥协了，那么你就真的彻底失败了；而如果你能接受残缺，继而选择坚强，放手一搏，即使微乎其微的机会，也有可能赢得成功。

的确，允许自己不完美乃至残缺，是一种坚强的表现，只有先接纳自己，才能接纳全世界。那么，你该怎样才能做到接纳整个世界呢？这包括以下三个方面：

第一，接纳自己的现状：你不需要怀疑自己，即使你遇到了困难和问题，也不要否定自己，此时此刻的你是完美的，让这样的认知进入心中。你若真能如此，那么所有的对自己的批判将会自动消除。

第二，接纳别人的现状：你也不要怀疑别人，你目前的困难的出现和他人没有关系。因此，你不必委曲求全来得到他人的肯定。你和他人都是独立存在的。当你接纳了别人，你的心灵就开放了；当你接纳了别人，你对自己也会更加慈悲。

第三，接纳你目前的生活现状：你并不需要改变你的现状。你的生活环境是完美无缺的，因此，必设法诠释你的生活，否则你会发现有所缺失，其实你没有失落任何东西。但是，不论是正面或反面的诠释，都是你这一生必须突破的幻境。

接纳就是这么简单，但同时也是最难的一门学问。有了接纳，小我才会让路。这就是接纳之路。凡是你无法接纳的，你会抗拒到底，这种对立便成了你的束缚。凡是被你接纳的，就会轻轻地进入你的心房。没有任何东西强迫得了你，也没有任何东西牵绊得住你。这就是你接纳之后的心境。

站在美的角度去欣赏生活

我们任何一个人都知道，人无完人，但对于生活，人们却不能以同样的心态面对，他们总是希望生活可以过得更好，总是认为自己可以获得更多，总是苛求生活。而很多不快乐的人，他们痛苦的来源就是"站在了错误的角度看待生活"，总要按照一个不切实际的计划生活，总要跟自己过不去，总觉得生不逢时，机遇未到，所以整天郁闷不乐。而快乐的人明智地选择了美的角度去欣赏生活，在他们的眼里，总是透露着知足、开心，于是，工作得心应手，生活有滋有味。因为他们懂得生活的艺术，知道适时进退，取舍得当。快乐把握在今天，而不是等待将来。事实上，我们每天可以做自己喜欢的事情，不在乎表面上的虚荣，凡事淡然，不苛求，那么，快乐、幸福就会常伴我们左右。卡耐基曾经遇到过这样一个女士：

这位女士一见到卡耐基，就对他抱怨了很长时间，先是抱怨丈夫不好好工作，接着抱怨孩子学习不努力。总之，她有很多不满意的地方。等她抱怨完了，卡耐基对她说：“这位女士，您太追求完美了。”当她听到这句话后，非常吃惊地看着卡耐基，过了好一会儿才说：“卡耐基先生，您认为我非常追求完美吗？可我并不这样认为啊！而且像我这样相貌也不好、学历也不高的女人，根本不会去追求完美的。”

卡耐基说：“您刚才跟我说过，您的孩子现在上小学四年级，每次考试都能够考出一个不错的成绩。您想一想，这样已经很不错了，您为什么仍然不满足呢？这难道不是追求完美吗？还有您的丈夫，他现在才 35 岁，就已经有了属于自己的公司，这也很不错了，可您认为不够好，这不也是在追求完美吗？”听了卡耐基的话后，那位女士很长时间都没有说话，最后接受了卡耐基的说法。

其实，生活中有很多这样的人，他们总是对生活现状不满，总是不断追求完美，有的人表现为对自己要求特别严格，而另外一些人则对别人非常严格，但总体表现，就是看不到生活中美的一面，他们的脸上总是愁云密布，其实，如果他们能转个角度，那么，生活中便处处充满美好。就如上文中那位女士一样，在卡耐基的点拨下，她看到了“孩子学习成绩不错”，“丈夫事业有成”这两点。

生活中，有太多的完美主义者，他们放不下执拗的对生活苛求的态度，他们对事物一味理想化的要求导致了内心的苛刻与紧张，因此，常常不能平和心态，总是对生活吹毛求疵，看不到生活阳光的一面，因此，他们在追求完美的同时也失去了很多美好的东西。

当然，有一颗追求美的心是好的，但是如果过于追求完美，则不会给自己带来任何好处。首先，一个人的要求越高，也越容易失望。当付出很多努力仍然达不到自己的要求时，就会变得心灰意冷；其次，世界上本来就没有尽善尽美的事，如果我们总是想追求完美，那根本就是在追求一种不存在的事物，到最后得到的便是失望。

在这样一个讲究包装的社会里，我们常禁不住羡慕别人光鲜华丽的外表，而对自己的欠缺耿耿于怀。我多年观察发现没有一个人的生命是完整无缺的，每个人都会缺少一些东西。

人生的确有太多看似值得追求的东西，亦真亦假亦幻，令人难以取舍。正如地球都是由细小尘埃组成一样，平凡和琐碎才构成了生命的永恒！飞扬只不过是惊鸿一瞥，昙花一现。人生的点点滴滴，都是始于平淡，终于平淡，平淡才是人生的真正况味。然而芸芸众生，有多少人能真正享受到这种远在天边，近在眼前的况味呢？

其实，美丽与丑陋其实有时就是一步之遥，美丽中有丑陋，丑陋中有美丽，我们要善于去发现，简简单单的一件事，只要我们站在美的角度，用心细细品味，你就会发现，其实，幸福早已存在，我们的心灵也得到了净化。

因此，对于生活中的缺失和不足，你不妨宽心接受，放下无谓的苛求和比较，并从美的角度去欣赏生活，这样反而更能珍惜自己所拥有的一切。

第 10 章

宁静慎思，
让躁动的心归于平静

　　生活中，我们发现有这样一些人，他们似乎只有与众人相处的时候才能获得快乐，一旦离开人群，他们就觉得无法适应。其实，这都是内心浮躁的表现，不得不承认，我们周围的世界总是发生着变化，然而，只有内心平静，才能抵御外界的诱惑，才能掌控自己的欲望，也才是获得幸福的根本，摒弃浮躁，需要我们学会享受一个人的生活、享受寂寞；学会关乎自己的内心，总之，只有内心宁静，才能做到随遇而安，适可而止，知足常乐。

面对闹与静，学会调适自己的心态

现代社会，随着生活节奏的加快，竞争的日趋激烈，经济压力也逐渐增大，人们穿梭于闹市之间，面临生活中的许多危机，以至于无法平静自己的内心，甚至有些人因为难以调适自己的心态而产生生理和心理问题，长此以往的消极应对及负性情绪会使个体出现诸如焦虑、抑郁、神经衰弱、轻度躁狂等心理疾患，不但影响自己的生活、工作，也会对家人造成不必要的"伤害"。

的确，在纷纷扰扰的尘世中，每个人都应该给自己一个静下来的理由。生活中，我们要扮演好很多角色，很多时候，我们焦头烂额，手足无措。面对闹与静，我们一定要懂得调节，比如，一天烦琐的工作结束之后，你可以听听轻音乐，通过音乐，你可以发现生命的意义原来是感受生活中点点滴滴的美好。失落会在音乐中消散，沮丧会在音乐的荡涤中溶解，怀疑会在音乐中清除；你也可以看看书，它会帮你寻找心灵的安顿，用音乐去寻找心灵的安顿，闯过生命的种种关卡，抵达心灵平静的彼岸，你便能保持心灵的宁静，多一份圣洁与执着，因为我们身边飘过那沁人心脾的乐风！

孙女士经营着自己的一家公司，目前，公司虽然已经有了一定的规模，但很多事情还必须要孙女士亲力亲为，为此，每天，她都必须游走于各个谈判桌、饭桌之间，不停地出差，不停地坐飞机，不停地化妆、卸妆，她已经厌烦了这种生活，甚至说恐惧。她开始失眠，开始厌食，脾气也变得暴躁起来。

有一天晚上，她好不容易睡着，谁知道，半夜，丈夫居然听到她说梦话："张总，我真喝不了了。"听到妻子的话，丈夫心疼地搂住妻子，她醒了。

"老婆，你太辛苦了，我心疼你，放下手上的工作，我们出去旅游一段时间，好不好？"

"那怎么行？手上还有很多事情呢！"孙女士说。

"这次，说什么也得听我的，你才三十几岁，你看，头上都有白发了。"

"好吧……"看到丈夫如此爱护自己，孙女士答应了。

休整一段时间后，孙女士又打起了精神，重新面对纷繁复杂的工作。

生活中，可能有很多人都有孙女士的烦恼，因为工作、因为生活，不得不四处奔波，硬着头皮在喧嚣的尘世中闯荡，长时间下来，他们疲惫不堪、精神紧张，却不知如何调节。事实上，调适心态的方法有很多，我们可以学习、掌握一些自我调适心理的方法，及时调整、疏导自己的情绪、心理，消散心理的阴霾。

1. 旅行

旅行可以增长我们的知识，我们在扫描更多见识的时候发现了某些更符合自己内心愿望的爱好，而且亲眼见过的事物比只在书上看过或者听人说过更有触动性。另外，一个爱好旅游的人往往心胸更广阔，更有解决问题的弹性。

2. 音乐

音乐作为一种艺术，它之所以能打动人，是因为它能以动感的声音方式表现出一种情感，它所蕴含的宁静致远、清淡平和，可以使终日奔忙、身心俱疲的现代人得到彻底的放松。

在音乐的圣殿中，我们能暂时忘记生活的烦琐，工作生活的不顺心，能获得音乐给予我们的心灵滋养。音乐能够影响人的情绪、调节生理状况，经常听一些旋律优美、节奏轻快的音乐，不仅可以调节情绪，而且还可以稳定内环境，达到镇静、降压、催眠等效果。

3. 舞蹈

当你随着音乐起舞的时候，你的音乐感、音准、韵律、节拍的敏感度和数学逻辑都得到了提高，脑部及身体协调能力也得到了锻炼。

4. 读书

书是人类进步的阶梯，"腹有诗书气自华"，俗语"读万卷书，行万里路"也是这个道理，读书可以让人们见闻广博。

当然，除了以上方法外，我们还可以：

宁静调适法。找一个僻静的地方，让自己的身体、心理完全放松，尤其是要放松思想，做到宁静、愉悦自得，恬淡虚无，少思、少念、少欲、少事、少语、少乐、少喜、少怒、少好、少恶行。

主动休息。主动休息可消除疲劳增加机体免疫水平和抗病能力，保持旺盛的工作精力。

改善睡眠。躺在床上，闭眼、自然呼吸，把注意力集中在双手或双脚上，全身肌肉放松，每天坚持练习，会有良好的效果。

巧用镜子。站在镜子面前做三四次深呼吸，凝视眼睛深处，告诉自己会得到所要的东西。

好心情是自己调整出来的，良好心态是对各种生活的适应。作为一个在繁华闹市中生活的人，关键是要把自己的心境、快乐锁定在现在，注重当下对生活的体验，而不要一味地沉迷于过去，也不要没有必要地担心未来。

静不下心，又怎能活得明白

现代高速运转的社会让生活中的很多人变得浮躁起来，在灯红酒绿的都市生活中，到处充满着诱惑，然而，能做到静下心来的有几人？在充斥着各种颜色的生活中，本性中的单纯、朴实早已被我们甩在了身后。也许在这个快节奏的时代，我们真的走得太快了，是该停下脚步的时候了，等一等被我们丢远的灵魂。这样，才能让自己的心静下来，思索我们的人生。只有这样，我们才能活得明白。

两千多年前，古希腊有一位哲学家叫迪奥尼斯。

他是个思想怪异的人，他经常会在大白天提着灯笼穿梭在大街小巷，人们问他在找什么，他回答道："我正在找人，人都迷失到哪里去了呢？"

原来，当时的雅典经济繁荣，然而，正是因为物质的充裕，导致了很多人被荣华富贵迷住了双眼，出卖了自己和灵魂，丢失了自己。所以哲学家奔走呼吁：人们哟，千万不要迷失自己。故此"认识你自己"这句话，便镌刻在古希腊德尔菲神庙顶上。

古人尚且深知要把握自己，不要迷失自己，然而，在逐步现代化的今天，我们生活的周围，却总是不断上演着"迷失自己、沦落陷阱"的悲剧。多少为官者在声色犬马中逐渐失去了自己当初做人的原则，甚至不惜牺牲人民的利益，最终被绳之以法；又有多少年轻人经不住外界的诱惑，放纵自己，甚至以身试法，最终自食其果。

这些事实引人深思，发人深省。事实上，只有那些内定淡定的人，才能看清楚自己的内心而不至于迷失自己，他们无论是处于逆境还是顺境，也不管这个世界是浮华还是痛苦，他们总是保持平静的心态。

当然，要让自己活得明白，就需要我们做到：

首先，静下心来，认识自己。

这并不意味着我们要放弃对物质生活的追求，相反，我们应该努力劳动、努力工作，去追求自己想要的生活。劳动与工作是一个人存在的价值。然而，有些人却在这种过程中陷入了误区——遗忘、迷失了自己。你始终不能忘记的是，自己才是主人公，是追求美好生活的主人公。因此，首先必须认识自己，好好地问一问自己：为这个世界做了什么？留下了什么？

其次，要树立正气。人们常说，心底无私天地宽，无论是社会还是个人，都需要正气，它指引我们正确做人、正确做事。有了正气，我们就能看穿欲望陷阱，就能不迷失自己。

最后，要学会享受一个人的寂寞，学会在独处中反省自己。一个人若想活得明白，就不能浑浑噩噩地活着，而应该做到经常反省自我，反省自己的德行、过失等。当然，这需要我们学会享受宁静，然而现代社会虽然是不断前进的，但在前进的过程中，难免会出现一些阻碍、陷阱等，一个人想不迷失自己，就应时时反省自己，排除前进道路上的种种诱惑和阻碍，从而使人生之路越走越宽。

不要迷失自己，就要懂得享受宁静。脱下白领的衣服换上流行时装走进灯红酒绿的地方，好像都是现在人们放松的一种方式，随着灯光的闪烁人们摇摆着头甩着头发，这真的是一种放松的方式吗？灯红酒绿下，不知今夜又有多少少女或者少男沉醉在此？这是一种解脱的方式吗？

坚守一份执着，在迷茫的水面稳驾一叶轻舟；不再迷失自我，在喧嚣的尘世保持一份静默。迢迢暗夜，望一柄北斗为我们引路；茫茫雾海，燃一盏心灯为我们导航。可以一无所有，不能失去的是可贵的自信与执着。

在人生发展的道路上，我们如何选择继续往前走，决定了我们生命的高度，一些人贪图享乐，甚至总是愿意一条道走到黑，他们浑浑噩噩地度过每一天，在错误的道路上越走越远，甚至在追逐已定目标的道路上逐渐迷失了自己。因此，我们每个人都应该学会正确地定位自己、认清自己，看到自己的价值，然后找准目标，挖掘到自己的内在动力，再朝着正确的方向努力，你就能充分发挥自己的价值。可以说，这样的人生才是"明白"的人生。而在灯红酒绿的现代社会，我们要想活得明白，就一定要静下心来，要告诉自己，绝不可迷失自己，不管遇到多大的风浪都要坚定自己的立场。

学会享受一个人的寂寞

事实上，内心淡定的人，即使再忙碌，也会偷出空闲，滋养自己。他们像秋叶一样静美，淡淡地来，淡淡地去，给人以宁静的感受。白日的尘埃落定，会在灯下读点书，修复日渐粗粝的灵魂，使自己依然温婉和悦。朱自清先生在散文《荷塘月色》中写过这样一段话："我爱热闹，也爱冷静；我爱群居，也爱独处。"人在独处之时可以想许多事情，可以不受他物的牵绊，让自己的思想尽情遨游，在深思熟虑中获得生命的体验与感悟。这便是孤独的妙处吧。

曾经有个服刑的犯人在监狱中写下了一篇悔恨的日记：

自从穿上了这身囚服，我才知道什么叫寂寞，我才发现自由是多么可贵。我仿佛有一种无法倾诉的无奈，仿佛广袤沙漠里没有一丝风。牢房里，虽然不乏各种新闻，也不乏各种话题，但我不感兴趣。可能因为环境特殊吧，彼此都害怕对方窥视自己的内心世界，所以人人都不得不心墙高筑。在这种氛围里，那份孤独就显得更加沉重和百无聊赖。

于是，为了打发时光，空余时间我便拿出书来读。刚开始，我看的是一些修养身心的书，我不急不躁，细嚼慢咽，居然读了进去。接下来，我又喜欢上了一些道德、法律方面的书，竟让我读出了心得，读出了情感。到后来，我已不光读，而是在"听"了——听哲人谈人生道理，听名人谈生活经验，听学者对世事的看法，听强者怎样面对挫折。

时间久了，读的书多了，我才发现自己真的错了，以身试法是多么愚蠢啊，不过现在还来得及，于是，我拿起久违的笔抒发对亲人的思念、检讨曾经的得失……一篇文章的构思过程，就是一次心灵净化与充实的过程，虽然难免有忧伤，有惆怅，但却不浮躁，不空虚。曾经失落、沮丧的心绪已渐渐舒展，漫长的时光已不再无聊，不再孤寂。这是否算一种境界，一份收获？

我曾经暗叹漫长的牢狱生活，如今却发现如果能够做到把刑期当学期，便可以学到许多对自己有用的知识，学会在寂寞中充实自己，人生才会感到充实，才能得到许多意想不到的收获！

看到这篇日记，我们不得不感到欣慰，孤寂的牢狱生活并没有让他再次堕落，他选择了以读书来充实自己的内心，的确，心与书的交流，是一种滋润，也是内省与自察。伴随着感悟与体会，淡淡的喜悦在心头升起，浮荡的灵魂也渐归平静，让自己始终保持着一份纯净而又向上的心态，不失信心地契入现实，介入生活，创造生活。尘世中的我们，又是否有这样一种安然、宁静的心境呢？你是否深思过自己是否已被这纷乱的世界扰乱了思绪呢？

生活中的人们，我们也要学会享受生活、享受寂寞的人。为此，当我们独处时，我们可以有很多选择：

比如，旅游。旅游是很多现代城市人放松自己的方法，长时间游走于钢筋混凝土中的人们，应到大自然中去。山区或海滨周围的空气中含有较多的阴离子。阴离子是人和动物生存必要的物质。空气中的阴离子越多，人体的器官和组织所得到的氧气就越充足，新陈代谢机能就更旺盛，神经体液的调节功能增强，有利于促进机体的健康。越健康，心理就越容易平静。

再比如，读书。读感兴趣书，读使人轻松愉快的书，读时漫不经心，随便翻翻。但抓住一本好书，则会爱不释手，那么尘世间的一切烦恼都会被抛到脑后。

听听音乐也会让你的身心放松下来。音乐是人类最美好的语言。听好歌，听轻松愉快的音乐会使人心旷神怡，沉浸在幸福愉快之中而忘记烦恼。放声唱歌也是一种气度，一种潇洒，一种解脱，一种对长寿的呼唤。

总之，寂寞是一种宝贵的情感，平庸的人总不能够享用寂寞，难以在寂寞中寻求灵魂的清静与成长，而内心淡定的人则能抓住难得寂寞的时间来洗涤自己的心灵，享受一个人美妙的世界！

别羡慕他人呼朋唤友的生活

我们都知道，友情是世界上最最珍贵的东西，生活中，当快乐到来时，我们需要和朋友一起分享，没有朋友的人像一片孤独的枫叶，随风一起飞散，心在飘荡，永远没有港湾，永远没有回头的路。然而，人生得一知己足矣，并不是所有人都适合做朋友。有这样的一个故事：

沙子觉得自己不够漂亮，它的朋友蚌想帮助它，蚌让沙子躺在自己柔软的身体上，每天让沙子在身上来回滚动，沙子不忍心看到朋友身上被自己刮得遍体鳞伤。不知不觉中，沙子成了一颗耀眼的珍珠，它看着奄奄一息的蚌，说是自己对不起蚌，想把一切都还给蚌，蚌却说："朋友，你永远在我心中。"于是合起贝壳，再也没有开过。

的确，如果你能珍惜，就不怕没有真正的友情，每个人的机会是均等的，但是每个人把握机会的能力是不同的，要能够抓住身边的友谊不放手。你一定可以找到一份真正的友情，一份纯洁不被污染的友情！因此，生活中，我们没必要刻意地、以呼朋唤友的方式来结交友谊，事实上，这种友谊是不可靠的。因此，真正睿智的人往往在没有知音的情况下，宁愿独处。我们再来看下面一个白领女性的微博：

夜幕扫去炎夏的热浪，父母与孩儿逐渐沉入美妙的梦乡，清水洗漱后的清凉，已赶跑了睡意与倦怠，于是打开电脑沉浸于网络聊天室及博客空间，看别人的唏嘘感怀，品味有共鸣的悲欢与得失的文字，渐渐地厌倦了与陌生人无聊的沟通，任由打招呼的声音响起，直到一个个变为不动或变灰的头像。熟悉挂念的朋友、同学、互相问候，慢慢谈论的话题也趋于各自关注或熟悉的议题，感觉乍浓渐淡。

白天紧张的工作和孩子的需要充斥着脑部，只有静坐时才觉得心早已沉浸在了黑暗之中，再也看不见天空、田野，看不见花儿在阳光下婀娜多姿的美，心中感到了不安。忽一日，听到老公的同学说出了自己的散文集，不禁惊讶，本来觉得他只是个很精明的小商人，看见他时总在卖些小玩意儿，不承想，他居然出了自己的书了，用他的话说"人总要有自己的爱好，不然生活就只剩下挣钱、吃饭、睡觉。"是啊，我们总是在青春时，有自己的梦想，直到被生活做了种种选择，无奈地去适应、接受了之后，才发现自己的梦想真成了做梦的想法，可是有几个人又能甘心于生活的无奈和平淡，谁的内心不在苦苦地坚持或追求自己快乐的根基，哪怕随波逐流，也不忘在静下来时面对自己，只不过有的人以抱怨发泄不满与无奈，有的人悄悄找到了寄托，有的人有点感悟后去改变自己，有的人任由习惯或环境的压力让自己不喜欢的生活继续……

幻想已泯灭，开始忘却之际，本我已蜷缩到最狭小的角落，生命没有张力，人生没有飞跃，我感到了恐惧。但是回到原点，理清自己的追求，事业不正是自己喜欢且合适的吗？本来希望的就是在工作中学习、提升自己，让自己不断地超越自我，有所创造，用爱心去唤醒或贡献社会，那又有什么必要跟着别人抱怨薪水的微薄？家庭是最为普通的市民生活，慈爱的双方父母，可爱精灵的宝贝儿子，虽然有点嗜酒但有责任感的老公，他们给了我安宁幸福的小窝，又为什么会去羡慕别人的大房、小车、小资的生活呢？自己本来就内敛、少语，多思多于行动，人生的每个阶段只有极少的几个好朋友，为什么要去羡慕善于交际的别人呼朋唤友、觥筹交错的潇洒？不如回归自我，生存生活之外，做点自己感兴趣的东西，不要期望笔下的文字能带来别人羡慕的眼光，只求笔能记录下人生的感悟、生活的态度，可以让自我内心得到宁静和满足……

诸葛亮说："非宁静无以致远，非淡泊无以明志"。人何以宁静？何以淡泊？处于纷繁的世俗中，身在充满诱惑的社会里，若不让自己的心沉静下来，那么必定流于俗套，随波而逐流，为了眼前的浮华而拼命去追逐，去求索，这样的人生非但不能宁静，而且不能淡泊。处于喧嚣的尘世中久了，你会习惯众人聚集的生活，这个时候，你已经再也忍受不了孤独，更谈不上享受孤独了。

有本书上曾经这样说："能够忍受孤独的，是低段位选手；能够享受孤独的，才是高段位选手"。诚哉斯言！不同的人生态度，成就了不同的人生高度。一个真正有内涵的人，不在于他能说出多少部跑车的名字，而是应该懂得怎么修理好一个柜子、养活一缸鱼、下厨煲一锅汤、会照料受伤的小动物等。这一切远胜于在酒吧呼朋唤友，左拥右抱。他应该有自我内心的坚定和认知，不受世间左右来界定，专注于工作和学习，并且独具一格。

第 11 章

淡泊清心，
抵制诱惑，因为一切皆为浮云

在短短的人生旅途中，人人都有所求，但没有人能够拥有世间的一切。人们所求各不相同，但万涓细流，终将汇聚成海，归根结底，他们所求的乃是快乐。世上没有比快乐更可贵、更难得、更为人们所普遍追求的东西了。但现实生活中，人们似乎总是颠倒了欲望与快乐在生命中的比重，一个人，只有真正放下过多的欲望，抵制住诱惑的糖衣，清心寡欲，才会懂得快乐的真谛。

灯红酒绿的世界学会把握心态

南非的沙比亚丛林，至今生活着相当原始的西布罗族人。他们的捕猎方法极为简单，利用胶泥，在丛林的湿地上铺成大片的胶泥地，再在上面放一只鸡或一只野兔，然后他们开始等待。凡是吃肉的动物，只要走进丛林，便会被兔子或鸡吸引，一步步走入泥沼，越挣扎越深。而陷阱中的动物又会引来更多的动物。几天之后，西布罗族人抬来木板，铺在胶泥上，轻而易举地将猎物收入囊中。

这些动物为什么跑进陷阱去自寻死路？原因很简单，在欲望的陷阱面前，它们迷失了自己。作为人，面对这样简单的骗局，又会怎样呢？答案还是很简单，同样会迷失自己，步入陷阱而不能自拔。

在生活中，有的人追求金钱权势，有的人追求名利，这两样东西无疑是最吸引人们的。然而，很多时候，假如我们过于在乎名利，就很容易使自己随波逐流，无法坚守自己的原则，甚至迷失人生的方向。邹韬奋曾经说过："一个人光溜溜地到这个世界上来，最后光溜溜地离开这个世界，最终醒悟，名利是身外之物，只有尽一个人的心力，使社会上的人多得他工作的裨益，才是人生最愉快的事。"

然而，大千世界，五彩斑斓，充溢着形形色色使人们难以抵制的名利诱惑，只有拥有达观的人生态度、淡然的处事风格，才能够修养到淡泊名利的人生境界。生活在这个物欲横流的社会上，大多数人都无法彻底地摆脱名利的诱惑。因此，只有一个有道德的、睿智的、有勇气的人，才能做到不为名利所累，脱离低级的人生趣味。在大多数情况下，这样的人都能以理智和从容的态度对待名利，对生活怀着美好的向往，维持自己的人格和尊严。

不要迷失自己，就要认识自己。这并不意味着我们要放弃对物质生活的追求，相反，我们应该努力劳动、努力工作，去追求自己想要的生活。劳动与工作是一个人存在的价值。然而，有些人却在这过程中进入了误区——遗忘、迷失了自己。你始终不能忘记的是，自己才是主人翁，是追求美好生活的主人翁。因此，首先必须认识自己，好好地问一问自己：为这个世界做了什么？留下了什么？

不要迷失自己，还需要做到常反省自己。人虽然是不断前进的，但前进的过程中，难免会出现一些阻碍、陷阱等，一个人想不迷失自己，就应时时反省自己，排除前进道路上的种种诱惑和阻碍，从而使人生之路越走越宽。

让自己内心平静的方法莫过于独处，上一支檀香，一壶水，一缕清茶，一盏杯。水从高处慢慢冲入杯中，一切仿佛慢了半拍，茶叶在水中的翻转腾挪，一缕香气弥漫出来，心境逐渐随之平静。实际上，人生本如茶，一泡洗净铅华，二泡三泡满品精华，四泡五泡回甘香灭。

总之，在灯红酒绿的现代社会，我们不要迷失自己，要告诉自己，不管遇到什么事情都要冷静，不管遇到多大的风浪都要坚定自己的立场。

浮躁是因为你想要的太多

余秋雨曾经说："因为我们的历史太长，权谋太深，兵法太多，黑箱太大，内幕太厚，口舌太贪，眼光太杂，预计太险。所以，我们习惯对一切事物'构思过度'。"其实，这个世界非常简单，并不像人们想象得那么复杂，复杂的只是人心而已。实际上，假如能够丢掉对生活无限的"构思"，人心也可以变得很简单。在生活中，越来越多的人们在欲望的驱使下疲于奔命，直到不堪重负的时候才发现自己变得越来越浮躁，越来越累。其实，这只是因为人们的心太贪婪，希望得到太多的东西，所以才会在不知不觉中迷失了自己。

要想获得心灵的宁静，不再迷失在对物质的追求之中，我们可以从简化生活开始，降低自己对物质生活的要求，削减不必要的开支。淡化自己对名利等身外之物的追求，充分享受内心的安全体验。只要能够持之以恒，就一定会取得很大的效果。其实，每个人都有属于自己的幸福。例如，你很健康，比起身患疾病的人来说，你有足够的时间享受阳光雨露；你四肢健全，比起残疾的人来说，你能跑能跳，能歌善舞；你拥有爱人，比起形只影单的人来说，你心有所属，找到了自己灵魂的归宿；你有自己视为生命的孩子，你可以全心全意地照顾他，抚养他长大成人，看着他一天天茁壮成长。

其实，人生幸福必须具备的条件包括健康的身体、美满的家庭、维持生计的钱财等，也是保障幸福的必要条件。但是，在追求这些的过程中，我们应该时刻牢记自己的最终目标是幸福。假如为了追求金钱而没日没夜地劳作，不仅损害了身体健康，而且使妻儿因为受到冷落而心生抱怨，那么这种追求就失去了意义。在生活中，很多男人为了给家人创造更好的生活条件，为了事业打拼，不但得了脂肪肝、酒精肝、高血压、高血脂等慢性疾病，而且因为忙碌根本没有时间陪伴妻子儿女，导致妻子儿女满肚子意见。试想，这种追求还有什么意义呢？显然，他已经忘记了自己追求金钱的目的。对于孩子来说，假如陪伴他一起玩耍一天就能够使他感受到莫大的幸福，那么，你又何必非要挣很多钱给孩子买玩具呢？对于妻子而言，假如只是希望你能在晚饭后陪她散散步，你又何必为了多挣点儿加班费去加班呢？总而言之，要记住自己的目的，不要让欲望把自己的心装得太满。那么，究竟应该怎样把握好这个度呢？生活最大的智慧就是了解自己的需求，因为大凡正当的欲望都是合理的。相反，假如为了追求太多的东西，就相当于给自己的生活套上了沉重的枷锁。众所周知，人最宝贵的是自由，假如失去了自由，还何谈快乐？由此可见，只有抛弃不必要的欲望枷锁，才能找回幸福简单的生活！

现代社会，人们越来越浮躁，什么都讲究快，即使爱情，也进入了方便面时代。在这种情况下，人们又如何恢复内心的平静呢？只能一个比一个更浮躁地匆匆往前赶。的确，在这个凡事讲求速度和效率的时代，要求一个人温吞吞地生活确实有些强人所难，但是，在行色匆匆的同时，我们应该留给自己一些安静的时间，审视自己的内心，看看自己是否已经在对物质的追求中迷失了自己。如果是，那请给自己时间和机会沉淀下来。即使你再怎么着急奔向自己的目标，也要保持内心的宁静祥和。要想获得幸福，就应该想清楚自己究竟想要怎样的生活。一定要记住的是，不管什么时候，欲望越多，离幸福越远，心态越浮躁；欲望越少，离幸福越近，心态越平和。

淡泊明志，宁静致远

当今社会，竞争之激烈早已不言而喻，为了生存，为了发展，大家不得不参与竞争，优胜者就会有一种荣誉感，会得意扬扬、傲气十足；而失败者则会有一种羞耻感，自以为在众人面前抬不起头来，这样无疑就加重了自己的心理负担。事实上，真正快乐的人是内心淡定的人，他们以"淡泊明志，宁静致远"为人生信条，他们崇尚简单的生活，极少抛头露面，换来的是对人生，对社会的宽容、不苛求和心灵的清净。

刘女士的儿子刚上小学，孩子所处的小学离刘女士原先的单位有一个多小时的车程，为此，她辞了职，在儿子学校附近的一个公司找了份工作。

"自从到这边来上班，几乎就没有了独处的时间，办公室是三个人公用的，似乎什么都是大家的领地，好在大家相处是愉快的，事情也做得够漂亮，总有忙不完的事情。工作之余的时间，多是给了孩子，给了家庭，偶尔的独处，也是在阅读中掩藏自己。寂寞这样奢侈的词已经远离了自己。

今天下午开会然后放假，我是带着提前放假的孩子来的。会后，大家都回家，我一个人在办公室，继续完成上次帮人家的一段视频编辑。孩子和陈先生家的儿子一起玩着，而我一直坐在计算机前，同事门都走了，后来孩子也被她爸爸接回去了，只有我一个人坐在空空的办公室，等待着文件的生成、刻录。寂寞中，于是有了整理心情的想法，于是诞生了连续几篇的散乱文字。

本来还是正好的夕阳，不觉间夜色肆意蔓延开来，偌大的校园已经是寂静一片。站在窗前，视线是极好的，不远处已经是灯火阑珊，围墙外的道路上，街灯安静而闲适，总是让我回想起 10 多年前的一些黄昏，有时在高中时一个人走在上晚自习的路上，冬日的黄昏，橘黄色的街灯点缀着深蓝色的天幕，有时飘雨有时落雪，更多的时候也无风雨也无情，一如自己的大脑，疲惫后的宁静与超然；还有的黄昏，站在大学七楼的寝室窗前，眺望不远的山上忽明忽暗的灯光，嘉陵江的水声仿佛也能穿透夜色低语着。思绪缥缈地不知去向，似乎总也不知道家在何方，总有着无限的希冀，当然也有过彻底的绝望，那时候彻底地明白了一句话：热闹的是他们，而我什么都没有。

寂寞的、超脱的，一种很微妙的感觉似乎成了自己对黄昏对最热切的期盼。而毕竟我们都是红尘俗世中纠缠着的众生，谁也超脱不了。

文件制作完成，我于是也关上窗户，收拾心情，踏上回家的路。明天，又是一个不短的放假天。真好。"

故事中的刘女上是个懂得让自己内心平静的人。然而，现实生活中，在浮世中行走了太久的人们，又有多少人懂得如何清心呢？许多人参与群体生活的缘由乃是因为他们不能够独居，不能够忍受寂寞，他们需要借助外界的喧闹来驱除内心的空虚。而群体生活却永远也不能治愈空虚，它只是经由精神的麻醉而暂忘记了寂寞与空虚的存在，结果反而更加重了这种空虚。

你是否有过这样的经历：紧张的忙碌工作之余，你离开办公桌，沏一杯咖啡，来到窗前，静静俯瞰这这城市中匆匆行走的人们，是否觉得自己累了太久，寂寞好难得？在万籁俱寂的子夜时分，你沉沉地睡去，但一想到次日依旧要面临繁杂的工作、生活，你是否觉得心力交瘁？你听够了上司的训导，同事的唠叨，孩子的哭闹，家人间的争吵，你是否很渴望能独处？

的确，在人的一生当中，寂寞、独处的时间实在太少了，尤其是在这喧哗的世界里，难得寂寞一回！在大都市里，寂寞真的是一种少有的平静，没有压力，没有喧哗，只有安静，只有自己的呼吸，只有平平淡淡。在万物沉睡的凌晨，在肃静的内室之中，或是在空旷的郊野，在所有这些寂寞的时候，凡尘的烦琐事务离我们远去了，忧虑与烦忧也不再侵害我们，我们的内心自然会生出许多平安欢喜的感激之情，此时思绪静止，内心安详而淳朴，你会感到一种与天地同在的醉意。

尘世中的我们，又是否有这样一种安然、宁静的心呢？你是否深思过自己是否已被这纷乱的世界扰乱了思绪呢？

的确，人世间有太多会扰乱我们心绪的因素，对此，我们要懂得调节：

首先，学会让自己安静，把思维沉静下来，慢慢降低对事物的欲望。把自我经常归零，每天都是新的起点，没有年龄的限制，只要你对事物的欲望适当地降低，会赢得更多的求胜机会。所谓退一步自然宽。

假如你遇到心情烦躁的情况，你可以喝一杯白水，放一曲舒缓的轻音乐，闭眼，回味身边的人与事，对新的未来可以慢慢的梳理，即是一种休息，也是一种冷静的前进思考。

另外，阅读也是让我们凝神静气的方法，广泛阅读，阅读实际就是一个吸收养料的过程，你的求知欲在呼喊你，要活着就需要这样的养分。

充盈你的精神世界，人的灵魂不能浅薄

当今社会，也许很多人都有一个追求的目标，那就是物质名利，有的人为出大名获大利，追求了一生一世。可以说，当今世人没有谁能回避得了名利二字！因此，人们常认为，一个人只要坐拥名利地位，就是快乐的，其实未必如此。我们不妨看看历史，那些皇亲贵胄，每天山珍海味、出入八抬大轿、左拥右护，但却胆战心惊，因为"伴君如伴虎"。他们恐怕也不能真正地获得快乐。

事实上，人的灵魂不能浅薄，庸俗，无聊，它应该永远在追求最高尚的东西。一个人，如果只把精力放在追逐虚无的名利上，那么他的精神世界将会被逐步掏空，自然毫无快乐可言。

美国街头有一名男子，弹着吉它，为过路的人弹唱。有一个中国姑娘路过感到很吃惊，问这男了，你这么年轻为什么在这街头卖唱？这男子也感到惊讶，说道，我觉得这样很好呀！这样能给大家带来幸福！我每天过得很充实。不觉得低贱。难道金钱就可以决定幸福与否吗？

从这件事可以看出。价值不是金钱与物质衡量的！幸福不是金钱带来的。只有放下对物质的追求，注重精神世界的充盈，人们才能真正活出自我，才会得到真正的幸福！然而，这种好虚荣、要面子的心理焦虑具有一定的普遍性，要调整这种心理状态，应该客观地认识自己、认识面子问题，不要对自己提出超出自己实际的期望值。

生命的过程不可能重新来过，因此，我们必须珍惜这仅有一次的生命。面对生活中各种各样的取舍和诱惑，我们必须充实自己的内心，坚守自己的心，以清醒理智的态度从容地走过人生的岁月。只有这样，我们的生活才会更加轻松自在，我们的人生才会丰富多彩，豁然开朗！其实，很多人都想修炼自己的心性，使自己淡泊从容。但是，淡泊是一种很高的人生境界，你必须有宠辱不惊、得失不计的人生态度，才有可能拥有这种极高的思想境界。淡泊是一种品质，一种德行，一种修养，值得你用自己的一生去追寻。当然，所谓的淡泊并不是指无欲无求。众所周知，人生就是由一个个欲望组成的，合理的欲望是人生的原动力。所以，淡泊指的是正确地取舍，属于我的，当仁不让，不属于我的，千金难动其心，这才是真正的淡泊。

当然，现代社会中的人们，是不可能真正做到摒弃物质而单纯追求精神丰富的精神世界的，但我们可以做到平衡二者，读书便是重要的渠道之一。书是使人类进步的阶梯；书是智慧的殿堂，珍藏着人生思想的精英，是金玉良言的宝库。"和书籍生活在一起，永远不会叹息。"罗曼·罗兰忠告所有人，要想做一个有主见、有内涵、不为物质世界的诱惑所迷惑的人，读书绝对是必由之路。

第 12 章

热爱生命，
呼吸在，所以你一切都在

现代社会中的人尤其是那些努力工作的人们，就如忙碌的蚂蚁一般，他们总是脚步匆匆，心事重重，年复一年，日复一日，像牛一样辛勤耕作。到头来面色欠佳，疲惫不堪，成了"亚健康"患者。事实上，我们每个人的生命只有一次，呼吸在，其他一切才有可能在，一个人的人生坐标定在什么位置，就有什么样的幸福。最大的幸福莫过于好好活着，珍惜今天，珍惜当下。因此，我们每个人，都要做到认识到健康的重要性，并学会享受人生、享受生活，如此才能更好地投入到工作中。

关注健康，不可骄纵你的肉体

我们都知道，在人的天性里，都是追求快乐而逃避痛苦的，而人们获取快乐的一个重要的方法便是享乐，我们发现，随着物质生活的提高和科学技术的进步，一些人被周围的花花世界所诱惑，一有时间，他们就置身于灯红酒绿的酒吧、歌厅，就大鱼大肉、暴饮暴食，时间一长，不但他们的心无法平静，身体的健康也亮起了红灯。现代社会，随着物质生活水平的提高，要想练就一个健康的体魄，我们更要养成健康的生活习惯，为此我们需要做到：

1. 控制饮食

无节制地饮食会对我们的身心产生巨大的危害：摄入食物太多，会导致肥胖、高血压、高血脂等一系列疾病的出现，另外，饮食紊乱还会导致神经控制上的紊乱，而后又会加剧饮食紊乱，如此恶性循环，最终我们便很难摆脱饮食无度带来的苦恼。曾有医学专家提出了这样的忠告，在感到饿的时候再吃东西，吃得精致、素淡一点，快要饱的时候就坚决放下筷子，离开餐桌。这样，能帮助你控制自己的食欲。

曾经有一项心理实验，被测试者是一群大学生，他们被要求自我控制，这项自我控制是与食物和节食没有半点关系的，但结果却表明，他们对甜食的渴望更加强烈了。

后来，研究者允许他们在实验间隙吃点甜食，结果，研究者发现，这些曾自我控制的人吃了更多的甜食，而对于摆在现场的其他味道的食品，他们并没有多吃。

因此，从这个角度看，一个人若想管住自己的嘴巴并不是件容易的事，我们不仅需要战胜自己的心理，还需要尽量弱化自己身体的某些"知道"，当然，这更需要我们的意志力，有了意志力，我们一定能做到。

2. 保证充足的睡眠

"睡眠"是大脑休息和调整的阶段，睡眠不仅能保持大脑皮层细胞免于衰竭，使消耗的能量得到补充，大脑皮层的兴奋和抑制过程达到了新的平衡。良好的睡眠有增进记忆力的作用。我们每天应保证 8 小时的睡眠时间。同时要注意睡觉时不要蒙头，因为蒙头睡觉时，随着棉被内二氧化碳浓度的不断升高，氧气浓度不断下降，大脑供氧不足，长时间吸进污浊的空气，对大脑损伤极大。

3. 早睡早起

这一点我觉得是很多人都不能做到的，正因为如此，这才是生活中应该具有的良好的生活习惯。人只有生物钟准时了，符合规律了，那身体才能健康，工作才能稳固。

4. 不要带病用脑

在身体欠佳或患各种急性病的时候，就应该休息。这时如仍坚持用脑，不仅效率低下，而且容易造成大脑的损伤。

5. 多读书

闲暇时我们不妨多花点时间看书、学习，不断地充实自己，不仅能让我们在未来激烈的社会竞争中立于不败之地，也能让我们远离嘈杂的人群、内心清净。

"每天下班后，我宁愿去图书馆看看书，也不愿意和一群人聚在酒吧，每读一本书，我都能获得不同的知识，有专业技能上的，有人生感悟上的，有风土人情，有幽默智慧，我很享受读书的过程，每次从图书馆出来都已经夜里十点了，在回家的路上，看着路边安静的一切，风从耳边吹过，我真正感到了内心的安宁。同事们都说我这人太宅了，但我觉得，这样的生活很充实，内心有书籍陪伴，我从不感到孤独。实际上，在很久以前，我也是个爱玩的人，常常和朋友喝酒喝到半夜才回家，一到周末就约朋友出去吃饭、唱歌，我很少一个人待着，有时候，真当我一个人在家的时候，我也会找一些娱乐项目，比如上网、打游戏、跳舞等，我觉得自己根本闲不下来。

但就在我三十岁生日那天，发生了一件令我这辈子都无法释怀的一件事，那天晚上，我和朋友一起出去玩，我们喝得很多，离席后，他开着车自己回去了，谁知道在半路上出了车祸。我很后悔，假如我没有让他喝那么多的酒，就不会出事，从这件事以后，我改变了对人生的看法，如果我的下半生还是这样浑浑噩噩地过，那么，这和一具行尸走肉又有什么区别呢？

后来，在一个图书馆管理员朋友的推荐下，我开始接触到了各种各样的书籍，从这些书中，我学到了很多……"

这是一个深爱读书、拒绝玩乐的人的内心独白，的确，他说得对，一个整天玩乐的人就如同一句行尸走肉，真正内心的快乐其实并不是玩乐能带来的，而是努力充实自己的心灵。

6.坚持体育锻炼

一个真正会学习的人不会打疲劳战，而是懂得通过身体锻炼来调节的。不知你有没有这样的体验：当情绪低落时，参加一项自己喜欢又擅长的体育运动，可以很快地将不良情绪抛之脑后。这是因为体育运动可以缓解心理焦虑和紧张程度，分散对不愉快事件的注意力，将人从不良情绪中解放出来。另外，疲劳和疾病往往是导致人们情绪不良的重要原因，适量的体育运动可以消除疲劳，减少或避免各种疾病。

总之，养成良好的生活习惯，法宝在我们自己手中，按照以上几点来生活，相信我们也能拥有个强健的体魄。

劳逸结合，懂得休息的人才懂得工作

曾经有人说，人的生命只有两种状态：运动和停止。现代社会，处于重压下的人们每天都在拼命地工作，虽然双休日时能够在家睡个懒觉，但恐怕心也不会那么淡然。用持之以恒的精神拼搏、奋斗是我们必须具备的一种品质，但并不意味着要一刻不停地奔波与忙碌。适可而止，会休息才会成长。只会向前猛冲，而不懂得减速缓行的人，在人生的某个弯道处，一定会冲出跑道，损失更多。

因此，身处职场下的我们在工作之余，一定要懂得休息，只有劳逸结合，才有更高的工作效率。

有个成功的企业家，他的成功可谓是一路艰辛。他从十几岁就开始给别人帮工，每天都是早起晚睡的，整天都是忙忙碌碌，好像他就没有休息过，也没有参加过任何的娱乐活动，那段日子，他的梦想是，将来自己有一间铺子就好了。

几年后，他终于开了一间铺子。生意不错，此时，他告诫自己，给别人帮忙要卖力，自己的生意更不能放松，于是仍然起早贪黑，匆匆忙忙，休息时间更少了。他想，等将来生意做大了就好了。

又过了几年，他的生意果然做大，拥有了数间很大的门市，每天进货出货几百万元的资金流动，他更不敢放手给别人去做，还是自己苦拼，联系货源，接待客户，管理账目……没黑没白，忙得如有狼在后面追一般。看他真的好辛苦，有人就劝他："你放一放可以吗？好好的休息一天，看看世界会不会大变！"

他回答："不行，我不做时，别人会做的，前面的那些大户们我会追不上的，后面一些中小户又逼上来，放一放，我会落在后面的。"

终于有一天，他累倒了，被迫躺在病床上不能动了，以前高速运转的日子一下子停了下来，他终于可以静静地想一下匆匆而过的人生了。有一次，他看到一个病人被抬进手术室再也没回来，那个病人很年轻，刚刚还与自己谈过出院后要去旅行。他看着对面空空的病床，心不由一震，顿时大彻大悟了：人由生到死其实只是一步的事，这一步，自己却走得太过沉重啊！一直以来，自己的名利心太重，想要的太多，然而真正得到的却很少。如果不是这次病倒，他会一直拼到五十岁、六十岁，甚至更久，没有娱乐，没有休息，最后两手空空地离开这个世界，这是一件多么可悲的事啊！康复后，他像换了一个人似的，生意还在做，只是不那么拼命了，他不再去追前面的大户，也不怕后面的小户追上来，甚至错过一笔很有赚头的生意也不会在意，人们还经常可以在高尔夫球场上看到他，有时他也悠闲地与家人坐飞机到外地旅游。

他终于懂得了生活的意义。

生命如此的脆弱，人生苦短，我们当然需要努力地工作，但我们不能忘记，除了工作之外，还有很多值得我们追求的东西，如健康、幸福等，因此，和故事中的企业家一样，我们也应及早幡然悔悟，才能才能收获一份最本真的快乐。

有过登山经历的人也许会有这样的体会，那就是：山很高，需要分好多步才能登顶，最关键其实就是在中途，一旦停不下来休息，那么就必然是在最接近终点的时候落下。工作中，我们适时调整自己也是必需的，一个真正会学习的人不会打疲劳战，而是懂得充足的休息才有更充沛的精神。

那么，在工作中，我们该怎样做到劳逸结合、调整自己呢?

1. 统筹兼顾、合理安排

你应该合理分配工作、休息的时间，做到劳逸结合，把握好生活节奏。

2. 多做体育运动

经常进行体育运动，可以强健体魄，缓解压力，保证优质的睡眠等。

3. 留出一些机动时间以处理突发状况

很多人认为，忙碌的一天才是充实的一天，以至于他们经常把一天的日程安排得满满的，但一遇到突发事件，就手忙脚乱了，其实，你应该学会合理规划时间，留出一些时间处理突发情况；而即使没有出现这些突发时间，你也能给自己一个放松和休息的机会，或与父母、朋友联络一下感情、考虑一天工作中的得失等。

总之，日常工作中，我们只要合理安排时间，懂得调节自己，做到劳逸结合，大可以不慌不乱，甚至有一些充裕的时间享受生活。

健康饮食，调节、净化身心

现代社会，随着人们工作和生活节奏的加快，很多人感到了空前的压力，也都致力于寻找一种有效的方法减压。其中，就有饮食调节法。的确，很多时候，人在不开心的时候，会选择通过吃饭和喝酒来缓解压力。通过不断满足食欲，内心的空虚和压抑会得到很大程度的满足。这就是为什么在孤独无聊的时候喜欢喝酒，女孩子在受到别人伤害的时候，会狂吃零食的原因。可见，食欲的满足能在一定程度上代替人们别的欲望的不满足。尽管如此，也不能把吃当作发泄的途径，否则影响和伤害了身体，一样会让你痛苦。最好的办法就是用健康的饮食调解净化身心。

姥姥的突然离世，让阳阳着实受到了不小的打击。从小姥姥最疼最爱的就是她，转眼间就阴阳相隔了，阳阳趴在姥姥的坟前整整哭了一天。那一段时间，她特别的不想吃东西，不管啥吃到嘴里都没有味道。身体也一天不如一天。

妈妈看在眼里疼在心里，每天给阳阳做很多好吃的，希望她能尽快地从失去亲人的痛苦中恢复过来。可是，阳阳却唯独喜欢吃一些新鲜的蔬菜，对大鱼大肉看到就恶心呕吐。这可愁坏了妈妈。

妈妈毕竟是妈妈，总不能看着女儿挨饿，既然她喜欢吃新鲜的蔬菜，那么就做给她吃。因此，她专门学习了很多烧菜的方法，变着花样给阳阳做着吃。而且，在一个医生朋友的建议下，她特意为阳阳做了一个安排。早上鸡蛋汤，中午两个素菜，晚上要喝牛奶。尽管没有肉，但是营养并不少。

在妈妈的精心照顾下，阳阳的身体一边比一天好，皮肤一天比一天白。精神也好了很多。经常和妈妈一起去打球和跳舞。看到女儿开心的笑容，妈妈心里甭提有多么的高兴了。从那以后，每当阳阳不高兴的时候，妈妈都会特意做两个拿手的好菜来安慰她。而每在这个时候，阳阳的心也会舒畅很多。

故事中的阳阳由于无法接受姥姥离世的打击，陷入了深深的痛苦之中，使得精神受到了严重的刺激，对食物失去了兴趣。在这个过程中，细心的妈妈发现了阳阳爱吃新鲜的蔬菜，于是精心给她订做了食谱，无微不至地照顾女儿。最终，在妈妈的努力之下，阳阳的身心得到了净化，重新找回了往日的开心快乐。可见，健康的饮食能在一定程度上缓解内心的抑郁，如果你心情不好，不妨吃点好的饭菜，或许你的心情会瞬间好很多。那么，究竟如何才能做到用健康的饮食来调解净化身心呢？

1. 吃饭吃到七分饱就行了

生活中，我们总是希望别人能吃饱。但是，吃得太多，就会使肠胃不舒服，也会影响心情。因而，当你心情不好的时候，吃饭吃到七分饱即可，保证你不饿就行。如果觉得心情不好而暴饮暴食，不但会让你的身材因为营养过剩而变形，还会因为身体不舒服而生气和不满，这在一定程度上增加了你内心的郁闷情绪。因而，健康的饮食，吃饭吃到七分饱的时候一定要克制自己不能再吃。

2. 不妨多吃些新鲜的蔬菜

一般情况下，在心情不好的时候，对过于油腻的东西很反感，对肉也提不起兴趣来。这时候，新鲜的蔬菜是首选。因为蔬菜清淡爽口，吃起来心情会轻松，再加上蔬菜的新鲜和接近自然的绿色，也能让人心情舒畅。因而，如果你心里因为生活的一些烦恼纠结的时候，不妨多做一些新鲜的蔬菜给自己吃。你会发现，等你吃完之后，你的郁闷心情也会得到一定程度的缓解。

3. 搭配好饭菜的色彩、营养

健康的饮食要讲究"色、香、味"俱全，这样吃起来才会感觉到是一种享受。同样，当一个人心情不好的时候，饭菜的颜色也会影响他们的心情。要保证有多种颜色出现在饭菜中，比如菜中辣椒是绿色的，那么就要在汤中有西红柿的红色，有鸡蛋的黄色等。这样，会让人感觉到生活的五彩缤纷，心情也会随之高兴起来。如果把饭做成一个颜色，你会觉得生活枯燥单调，自然不愿意多吃。

4. 要经常变换饭菜的种类

人对于经常看到的东西都有个视觉疲劳。同样，同一个菜连续吃两次以上，就会产生味觉疲劳，而本能的产生抗拒。因而，当你心情不好的时候，做饭菜时就要变换种类，以保证味觉的新鲜。这样，你的心情才会保持新鲜，才会开心快乐。否则，每顿饭都看着同一个菜，人会感觉到生活没有改变，自己没有改变而黯然神伤。可见，要想用健康的饮食调解身心，不妨经常变换饭菜的种类。

累了，就好好睡一觉

可能不少人会问：当自己开始产生自我厌烦情绪时，当我开始厌烦周围的一切时，当我做什么都感到疲惫不堪时，该做什么来调整自己呢？当然，你有很多属于自己的解压方法，但最有效的减压方法莫过于——睡觉。因此，当你感到身心俱疲时，给自己多一点时间睡觉，你就能快速恢复、获得力量。这是因为，在睡眠期间，人体各脏器会合成一种能量物质，以供活动时用；

由于体温、心率、血压下降，部分内分泌减少，使基础代谢率降低，也能使体力得以恢复。

我们都知道，现代社会，人们为了生活，四处奔波，工作和生活的压力常常使得我们喘不过气来。人们急切地希望寻找到一种能帮助自己减压的方法。于是，市场上各种付费方法就应运而生了，诸如，维生素药剂，各种放松疗法等，我们不能否定这些疗法的功效，但最好的养生方式是睡觉。

那么，人为什么要睡觉？睡觉是人体休息的一种方式，也是一种生理反应。几乎每个人，在忙碌了一天后，都希望能美美地睡上一觉。可以说，一晚上不睡觉的人是极少的。白天，我们的大脑是兴奋的，但忙碌太久后，大脑皮质内神经细胞就会产生抑制的作用，如果这种作用占优势的话，也就想睡觉了。这一抑制作用是有效的，是为了保护神经细胞和大脑，进而让我们第二天有充沛的精力继续工作。

可以说，当人们累了的时候，睡觉是最好的休息方式，能使大脑受益。

德国卢比克大学的 JanBorn 和他的同事们对此进行了一项研究，实验对象有 106 人，他们的受训任务是将一系列繁杂的数字通过等式转化为另外一种形式，而他们并不知道其中隐藏了一些计算诀窍，而在经过良好的睡眠后，参与者发现这种诀窍的概率从 23% 提高到了 59%，也就是说，睡眠是非常重要的。

好好睡觉不但可以恢复身体机能，还能治病，然而，睡觉这么简单的事，在现代人看来，却成了奢侈品。有资料显示，目前我国睡眠障碍患者约有 3 亿，睡眠不良者竟高达 5 亿人！美国国家睡眠基金会一项调查则指出，现代人的睡眠平均每天比生活在 19 世纪初的祖父母们要少 2 小时 12 分钟。

实际上，抵抗疾病的第一步就是高质量的睡眠，法国卫生经济管理研究中心的维尔日妮·戈代凯雷所作的一项调查表明，缺觉者平均每年在家休病假 5.8 天，而睡眠充足者仅有 2.4 天。前者给企业造成的损失约为后者的 3 倍。

据德国《经济周刊》日前报道，缺乏睡眠会扰乱人体的激素分泌。若长期睡眠不足 4 小时，人的抵抗力会下降，还会加速衰老、增加体重。而哪怕只是 20 分钟的小睡，也能让你像加满油的汽车一样动力十足。接下来，我们总结一下睡眠的好处：

1. 睡眠有利心脏健康

在希腊有一项关于睡眠的研究，有两万多人参与，研究结果表示，一周内至少有三次 30 分钟午睡的人患心脏病的风险降低了 37%。此外，难治性高血压、糖尿病等，也都与睡眠密切相关。

2. 睡眠可以减压

研究表明，睡眠可以降低体内压力激素的分泌。每当感到压力大的时候，即使打个小盹，也能让你迅速释放压力，提高工作效率。

3. 睡得好，能让你更聪明

德国睡眠科学家在英国《自然》杂志上撰文指出，好的睡眠质量能增强创作灵感。这是因为经过睡眠后，人的脑细胞得到储存，大脑耗氧量开始减少。醒后人的大脑思路开阔，思维敏捷，记忆力增强。

4. 睡眠是最便捷、省钱的美容方式

人睡着时，皮肤血管完全开放，血液充分到达皮肤，进行自身修复和细胞更新，起到延缓皮肤衰老的作用。睡眠不足还会导致肥胖，药物减肥远不如睡个好觉更有效。

5. 适当"多睡"是一味治病良药

可能我们也发现，在医院里，已经都会经常嘱咐病人要多休息。中医更强调治病要养病，而睡眠就是最好的调养方式。

这一生理机制是：当人们生病时，身体会受到感染，而此时，会产生诱发睡眠的化合物——胞壁酸，它除了诱发睡眠外，还可增强抵抗力，促进免疫蛋白的产生，因此睡眠好的患者病情痊愈也快。举例来说，高血压患者每天要保证 7~8 个小时的睡眠，老年人可适当减少至 6~7 个小时；对心脑血管患者来说，中午小睡 30~60 分钟，可以减少脑出血发生的概率。

6. 睡眠还能延长寿命

正常人在睡眠时分泌的生长激素是白天的 5~7 倍。美国一项针对 100 万人、长达 6 年的追踪调查表明，每天睡眠不足 4 小时的人死亡率高出正常人 180%，而充足的睡眠有利于延长人的寿命。

总之，睡眠可以消除身体疲劳。在身体状态不佳时，美美地睡上一觉，体力和精力很快会得到恢复。

直面死亡，坦然面对生命的结束

我们都知道，有生就有死，死亡是我们任何人都不愿意面对的，然而，死亡是任何生命形式都无法抗拒的自然规律。作为一般的生命形式而言，生就生了，死就死了，几乎没有讨论的价值。然而，人作为高等动物，由于拥有自我意识，人能够将生命作为意识的对象来看待——能够将"我本身"作为思维的客体来认识，也就是说，无论是生命的起源、生命的过程、生命的延续都成了自我意识的对象物。因而，如何面对死亡的问题，也必然成了人类各民族文化的核心问题之一。

对哲学家来说，死是最后的自我实现，是求之不得的事，因为它打开了通向真正知识的门，灵魂从肉体的羁绊中解脱出来，终于实现了光明的天国的视觉境界。

佛家有云：我本不欲生，忽而生在世；我本不欲死，忽而死期至。人的死亡和人的出生一样，是个人无法选择的。无论是谁，最终都要告别所爱的人，告别世间的忙碌，一个人静静面对死亡。

1955 年 4 月 18 日，爱因斯坦病逝。临终前，他很慎重地留下了遗嘱。他在遗嘱中说："我死后，除护送遗体去火葬场的少数几位最亲近的朋友之外，一概不要打扰。不要墓地，不立碑，不举行宗教仪式，也不举行任何官方仪式。骨灰撒在空中，和人类宇宙融为一体。切不可把我居住的梅塞街 112 号变成人们'朝圣'的纪念馆。我在高等研院里的办公室，要让给别人使用。除了我的科学理想和社会理想不死之外，我的一切都将随我死去。"

我们都不是哲学家，但最起码我们都能从哲学家的世界中汲取一点精神营养，苏格拉底教会了我们如何看待死亡，如何直面死亡。

如何面对死亡，没有任何人可以相互取代，只能取决于个人的态度。听到死神的脚步，有的人惊慌失措，有的人视死如归，有的人淡定沉着……历史上的传奇人物，譬如黄继光、譬如金圣叹，往往视死亡如无物，而更多的人是怕死的，譬如吕布临死前祈求当曹操的鹰犬，向忠发一被捕立即向蒋介石乞活。

千古艰难唯一死，死是很难的。我们到底该如何面对？在此之前，我们不妨来探究一下，人们为什么会对死亡感到恐惧。

1. 我们无法预知死亡的期限

人生就像欣赏一部戏，如果你很投入地看戏，无论情节是喜是悲，你都会愿意继续看下去，而不希望戏剧马上收场，可是戏剧是不可能永远也演不完的，也许在你不断期待剧情的时候，希望戏剧永远也演不完（就如同你在对未来的生活充满打算的时候，希望永远也不死）。然而理性地思考一下，戏剧无限地发展下去，必定会味同嚼蜡，人生无限地发展下去，也会失去意义。所以戏剧应该有一个结尾，人生也应该有一个结局。

人生同戏剧不同的是，你没有办法准确地判断你的"人生大戏"何时落幕，但通过努力，你可以在一定范围内控制它的长度（比如通过爱惜身体、通过注意安全，把它的长度大致地控制在几十年到一百年），但有很多意外情况你是不能预知的。因此只要你让生活变得充实，每天都不白过，那么无论什么时候死亡降临，在死之前，你都欣赏到了一部好戏。

但戏剧在伏笔的时候就落幕肯定不是完整的戏，人生也要有一个为剧情发展的"准备阶段"，这个阶段当然最好不要死掉，但人完全可以在"准备阶段"享受生活给你带来的乐趣，在享受生活的时候，也可以不断为后面的"好戏"做准备，这样即使英年早逝也不留过多的遗憾，即使长命百岁，也会好戏迭出。

2. 死亡意味着记忆结束

这是人畏惧死亡的另一个原因。无论你前面的生活多么精彩，死了之后都不会留有任何回忆，既然无论生活好坏，最终都要忘记，为何还要追求幸福呢？这是很多人感到生活空虚的原因。人生之路虽然只能走过一次，但路上可以留下脚印来引导后人，如果脚印留得很深，就可以留下很长时间。这也许就是为什么人们感叹"都市的柏油路太硬，踩不出足迹"吧。所以要让自己留下一些脚印，就尽量把自己所做的事情固化下来。

事实上，死亡并不可怕，人类无须对死亡感到恐惧。死亡存在于生命的旅途中，宛如天边的晚霞。死亡引领着一个个生命体即将消逝于无边的黑暗之中，但它同样是一个个美丽的瞬间，它甚至与生命初来人间时一样絢丽、璀璨……

那么，我们该如何减轻对死亡的恐惧呢？

曾经有这样一篇小说《莫亚的最后一课》，讲述的所是一位身患绝症的哲学家教授，真实记录他如何面对死亡的来临。每个星期的某一天，他的学生，从四面八方赶来，就会聚集在他的床头边，听他说或大家一起讨论死亡的课题。如此一来，死亡反而就显得不再可怕了，就算是在他弥留时刻，他，以及他的学生，也能坦然面对了。

是啊，至亲的人陪伴身边，我们就不会感到孤单，或是，给我们一句亲切的安慰，给我们一个轻吻，给我们一个紧紧的握手……就是如此简单，可能就可以给我们带来很大的安全感，死亡不至于令人如此恐惧了。

是的，从出生那天起，我们就注定了难逃一死，也就是说，生与死，是一个最普通不过的命题，只可惜，我们从来，只重视生的欢乐，却从来没有正视过死的心理问题。从人的心理角度来看，死一定是令人恐惧不安，甚至是恐怖的。既然如此，我们为什么，不正视这份恐惧，然后，想方设法减少死亡来临时带给我们的恐惧呢？

第 13 章

知足常乐，
不苛求事事如意，保持一颗平常心

人们常说，不如意事十有八九，面对生活，人们之所以痛苦、纠结，就是因为想要的太多，或者求之而不得，或者得到了就放不下。其实，人生的很多东西都是强求不来的，我们降低只要自己的欲望，顺其自然，凡事不强求，就会发现心会变得更加安静，更加自由。因此，生活也会变得很简单，很容易就能够获得幸福的感受。

顺其自然，不苛求是一种平静之美

我们都知道，任何事情的发展都是有规律的，人们的主观愿望与实际生活也总是有差距的。就像自然界的植物，它们的成长需要每天接受光合作用，需要接受甘露的灌溉，才能获得成果。每一个生命的成长也如此，千万不要违背规律，急于求成，否则就是欲速不达。

因此，我们千万不可把自己的主观意愿强加于客观的现实中，我们应该学会随时调整主观与客观之间的差距。凡事顺其自然，确实至为重要。有些事情很奇怪，你越努力渴求的，它反而越迟迟不来，让你等得心急火燎、焦头烂额。终于，你等得不耐烦了，它却忽然从天而降，给你个惊喜满怀。我们不妨先来看下面一个故事：

有一对夫妻，小两口恩爱有加，很多人都羡慕。然而他们有一块心病，如石头般郁积心头，一直挥之不去：结婚五六年了，还一直没有属于自己的爱情结晶。小两口那个急呀！一有空就四处寻医问药，但几年过去了，却不见有怀孕的迹象。更为严重的是，以前身体健壮如牛的妻子，竟然和各种莫名其妙的疾病结上了缘，攀下了亲。开始是整天整天地肚痛，常常痛得满身出虚汗。于是，他们走遍全国，求医问药，但都不见好转，连续的奔波，搞得他们身心俱疲。

父母流泪了，劝他们想开点；朋友们伤心了，劝他们顺其自然。小两口不表示拒绝，也不进行辩驳，均一笑了之。

有一天，小两口到医院打点滴，一个护士看着他们青一块紫一块的胳膊，还有胳膊上密密麻麻针头扎过的小红点，不禁落泪了：顺其自然吧，是自己的别人抢不走，不是自己的莫强求……

听着这温柔的、天使般的声音，小两口陷入了沉思：是啊，小护士和我们素不相识，她干吗要劝我们？还不是看到我们身心俱疲的样子产生悲悯之情了吗？顺其自然，是自己的别人抢不走，不是自己的莫强求……说得多好啊！

回到家，小两口像换了个人似地，把医院买来的各种中药、西药通通扔进了垃圾堆。小两口相视一笑，顿时浑身轻松。

一个周末，妻子翻翻日历，发现例假很久没来，然后拿出试纸，检测了下，发现居然怀孕了，小两口紧紧地相拥在一起，激动的泪水夺眶而出……

后来，丈夫向朋友叙说："真的，自从思想放松后，妻子的什么小烧不断、肌肉乱颤、大肠易激、夜间失眠，通通地不治而愈。"他在叙述这一切的时候，我发现，他的脸色很平静，似乎在叙说一件与自己毫不相干的故事。

这确实是个让我们啼笑皆非的故事。的确，很多时候，我们苦苦苛求的，却总是不如愿；当我们抱着顺其自然的态度时，我们却会收获意外的惊喜。

人们常说，"不如意事十有八九"。这是古代先哲在总结了历朝历代人类生活状态所做的大体分析，就是说一个人的一生不如意的时候占去了生命的十之八九，只有十之一二生活在快乐之中。这一分析未必准确，但人的一生中忧比乐多却是不争的事实。得意和失意并不是我们所能控制，但我们可以控制自己的心态。古人云："凡事顺其自然；遇事处之泰然；得意之时淡然；失意之时坦然；艰辛曲折必然；历尽沧桑悟然。"这"六然"

的句子，凝集了人生的处世智慧。因此，无论我们遇到什么，我们都不必大悲大喜，以自然的心态面对，你反而会收获难得的快乐！

当然，凡事追求顺其自然，并不是消极避世，而是站在更高层次来俯视生活的一种睿智。如果你站在大树下，看蚂蚁为了一粒米粒，争斗得头破血流，你会想什么？如果你听到一只站在篮球上的蚂蚁说，这就是整个世界，你会想什么？如果你看到一只蚂蚁，坐在水盆中的树叶上，却以为坐上了航空母舰时，你会想什么？是可怜，是可笑，是可悲，还是可爱？或许有更高级的生灵也在那样地俯视着我们。如果你能顺其自然，或许你可以让你的思想升到高空，也可以是俯视大地。当人们都顺其自然了，那淡然、泰然、必然、坦然、悟然也就水到渠成，那人生何来得意、失意、艰辛、沧桑之说？

内心恬适，一切就不再混浊

当今社会，我们的心态总是不断地接受着来自物质的考验，很多时候，我们在追求目标的过程中，可能并没有意识到自己的心灵已经被那些虚幻的美好理想束缚了。生活远没有理想那么简单，理想的存在固然可贵，可我们更要做的是如何让理想接受现实的催化。就像一件被打造的利器，不经过熟火的炙烤，重锤的锻造怎么能固握在战士的手中？清空你的心灵，再重新注满，你就会接受失败的馈赠，成功的赏赐。我们先来看下面一个故事：

曾经有一位总统，他远离公务和烦琐的生活，来到一间寺庙，他每天的工作只剩下两件事，拜佛和念经。

一天，寺庙的住持来探望他，他很疑惑地问主持："师父，庙里的桂花为什么这样香？"

住持说："哪儿的桂花不香呢？"

他说："总统府的桂花就没有香味！"

住持有些奇怪，问："总统府的桂花全是从雪岳山移过去的，怎会没有香味呢？"言毕，唤一童子进来。说："冬天快来了，送一盆夜来香，伴总统念佛。"说完，主持便离去了。

一年以后，主持又来看这位总统，总统指着小茶桌上的夜来香，说："这盆夜来香想必是名贵品种吧。"住持不解其意，问："何以见得？"总统说："它不仅夜里香，白天也香！"住持说："这是从房前随便挖来的一棵，它不是名品，是不能再普通的一种。"总统说："过去我家也有一盆夜来香，可是，白天从没有人闻到过香味。这盆不同。"

住持说："过去一位禅师说过：'夜来香其实白天也很香，人们之所以闻不着，是因为白天，心太躁了！'现在你能闻到香味，可能是心境不一样了。"

后来，谈起百潭寺的经历和当时的生活，他坦诚自然。总统回去后，写了一篇题为《宁静安详，始知花香》的文章，最后有这么一段感慨：假如你现在感觉到吃什么都不香了；看再美的景致都不激动了；住再大的房子，坐再好的车，都没有幸福感了。一定是你变了，变得离真实的生活越来越远了。

两年后，总统离开寺庙前往首都服刑。这位总统的名字叫全斗焕，1980年至1988年任韩国总统。后来他住在陕川老家，过着平民的日子，品味着桂花的芳香。

这位住持的话让我们深有感悟，的确，当我们心情浮躁的时候，又怎能感受到那份宁静的幸福呢？曾经有一个百岁老人谈起他的长寿秘诀："我每活一天，就是赚一天，我一直在赚"，这就是生命的真谛：豁达，坦然。

尘世中的我们，又是否有这样一种安然、宁静的心呢？你是否深思过自己是否已被这纷乱的世界扰乱了思绪呢？你还是原本的那个自己吗？

那么，是否心灵里可能会有什么垃圾呢？对曾经的成功的、暂时的褒奖、短暂的胜利，过期的佳绩的迷恋，当然，还有失望、痛苦、猜忌、纷争……净心就是把自己当人看，既然是人就有人的样式，有自己的优点更要正视自己的缺点。你的优点可以促使你成功，缺点又何尝不会让你在平淡乏味的生活中体会意外的精彩？每个人的生活都可以丰富多彩，不要让生活因为你的缺点有所欠缺。或许你不知道清空之后心灵会有什么改变？

对此，我们要懂得调节：

1. 学会读书

挑选一本自己感兴趣的书，从头到尾，细读，精读。你会在读的过程中净化自己的心灵。

2. 和自己比较，不和别人争

你没有必要嫉妒别人，也没必要羡慕别人。你要相信，只要你去做，你也可以的。为自己的每一次进步而开心。

3. 常反省自己

人虽然是不断前进的，但前进的过程中，难免会出现一些阻碍、陷阱等，一个人要想不迷失自己，就应时时反省自己，排除前进道路上的种种诱惑和阻碍，从而使人生之路越走越宽。

4. 心情烦躁时，多做一些安静的事

喝一杯白开水，放一曲舒缓的轻音乐，闭眼，回味身边的人与事，对新的未来可以慢慢的梳理，既是一种休息，也是一种冷静的前进思考。

很多时候，人们之所以生活得快乐，是因为心思简单；之所以内心平静，心态平和，是因为心胸开阔，豁达大度；之所以从容自如、气定神闲，是因为内心宁静、淡定。总之，我们发现，只有定期给自己复位归零，清除心灵的污染，才能更好地享受工作与生活。

强求别人往往迷失自己

我们都知道，人虽然是社会的人，但同时，人又是有差异的个体。每个人都有各自的阅历、各自的潜质、各自的特点、各自的生活方式，因此，没有两个完全相同的人，人们的想法和做事方式也就有了差异。我们绝不可将自己的想法强加于他人，更不能强求他人。曾经有这样一句话："道德是一种修养，不是一种权力，道德最适合拿来约束自己，不适合拿来压制别人。道德如果成为运动，也是'自己做'运动。"这句话也是告诉我们要尊重他人。

一个学生向老师抱怨班里有某人特讨厌，总喜欢跟他比，影响了他的学习。

老师问这学生，你喜欢吃苹果吗，学生愕然，但还是回答："不喜欢，但喜欢吃雪梨。"

"你不喜欢吃苹果？"

"对。"

"那有没有人喜欢吃苹果？"

"当然有！"

"那你不喜欢吃苹果是苹果的错吗？"

学生笑笑："当然不是！"

"那你不喜欢他是他的错吗？"

"海纳百川，有容乃大"，包容是一种仁爱的光芒、无上的福分，是对别人的释怀，也是对自己善待，更是让友谊长久的灵丹妙药。

然而，我们发现，生活中有这样一些人，他们总希望成为社交的中心，希望周围的朋友对自己言听计从，他们甚至希望可以支配他人的生活，不难想象，这类人的人际关系并不融洽。当然，也有一些人，愿意成为他们的支配对象，但无论如何，他们都会在享受掌控他人的"快乐"中逐渐迷失自我。

人际交往一个很重要的前提是要正确地了解人的本性，也就是说，要按照人的本质去认同他们，设身处地地认同他们，而不要用自己的眼光看待他们，更不能把自己的意志强加给别人。每个人的角度和体验不同，想法也就会有所不同，没有放之四海而皆准的真理。只有理解和尊重人性，才能与大众及现实和谐相处。

改变自己很难，改变别人则更难。既然知道改变自己很难，那么就不能再要求别人跟自己一模一样了。世界上没有两片相同的叶子，人也不可能踏进同一条河流，就更不要奢求别人和你思维和想法相同。天生万物，各有其理。英国思想家罗素说过："在和别人、即使是与自己最亲近的人的一切交往中，也应该认识到他们是从自己的角度看待生活的，触及的是他们的自我，而不是从你的角度、从触及你的自我来看待生活。不应该期望任何人为了另一个人的生活而改变他的生活。"

我们应该克制支配欲，别想用斧子把人家雕凿成我们的样子。如果我们要求树根像果实一样作奉献，那就只好把它作柴烧了。至于活生生的人，如果不是大是大非的原则只是涉及方式方法的问题，就不要太较真，因为人人看问题都不一样，个个处理事情也不尽然，每个人心里都有自己的一把尺子，没必要对别人看不惯，更不能按自己的意志苛求别人。衡量别人的尺子长一些，自己的道路就会宽一些。

我们应该做的是，是约束自己的某些行为，但却不能强制他人的内心。邱吉尔就说过："世上有两件事最难办，第一，去爬一面倒向你的墙；第二，去吻一位倒向另一边的姑娘。"世上有些事，比如睡觉和恋爱，越努力去做，其效果越糟。爱人和钱是人生中特别不能强求的两样东西，该是谁的就是谁的，不能强求。可人是感伤和怀旧的动物，人们较能接受迅速拉近的距离，却往往无法忍耐一度天衣无缝的密结之后的渐行渐远。

强求来的爱是不会长久的。如果一个人开始怠慢你，请你离开他，对这样不懂得珍惜交情的人不要为之不舍，更不必强求。在情感方面，强求别人就是舍弃尊严。当你舍弃尊严的时候，通常是得不到回报的。当一个人迫切地想要跟你分手，你就答应他吧！强求对方，这不是折磨对方，而是侮辱自己。想要迫切离开的人是留不住的，他根本不爱你，才会那样践踏你的尊严。既然他不爱你，就不要强求，就释放他吧，释放他的同时，也释放了你自己。

要求别人是很痛苦的，要求自己才有所快乐。而且改变自己是可行的、聪明的，尝试改变别人则是白费心机，就会显得愚蠢，还会自寻烦恼。凡事不必苛求，来了就来了；凡事不必计较，过了就过了。该是你的，躲也躲不过；不是你的，求也求不来。你对生活状况及别人的行为要求越少，你就越容易快快乐乐地过日子；待人坦诚而不苛求于人，自己就会快乐。

不强求结果，且看花开花落

生命是个奇怪的东西，自打我们来到人世，似乎就在为所谓的幸福努力着，于是很多人毕生都在奋斗，努力地证明自己生命的不凡。有的人选择了用事业上的成功来证实，有的人用不断争取来的权势来证实，有的人凭借巨额财产来证实，有的人用满腹的才华来证实……有的人成功了，也有一些人失败了，其实，凡事我们都不应该强求结果，也不必去证明什么，否则，我们就会给自己施加太大的压力。而我们也只有秉持凡事随缘的态度，也才能更好地走好前方的路。

从前有一位神射手，名叫后羿。他练就了一身百步穿杨的好本领，立射、跪射、骑射样样精通，而且箭箭都射中靶心，几乎从来没有失过手。人们争相传颂他高超的射技，对他非常敬佩。

夏王也从身边的人听说了这位神射手的本领，也目睹过后羿的表演，十分欣赏他的功夫。有一天，夏王想把后羿召入宫中来，单独给他一个人演习一番，好尽情领略他那炉火纯青的射技。

于是，夏王命人把后羿找来，带他到御花园里找了个开阔地带，叫人拿来了一块一尺见方，靶心直径大约一寸的兽皮箭靶，用手指着说："今天请先生来，是想请你展示一下您精湛的本领，这个箭靶就是你的目标。为了使这次表演不至于因为没有竞争而沉闷乏味，我来给你定个赏罚规则：如果射中了的话，我就赏赐给你黄金万两；如果射不中，那就要削减你一千户的封地。现在请先生开始吧。"

后羿听了夏王的话，一言不发，面色变得凝重起来。他慢慢走到离箭靶一百步的地方，脚步显得相当沉重。然后，后羿取出一支箭搭上弓弦，摆好姿势拉开弓开始瞄准。

想到自己这一箭出去可能发生的结果，一向镇定的后羿呼吸变得急促起来，拉弓的手也微微发抖，瞄了几次都没有把箭射出去。后羿终于下定决心松开了弦，箭应声而出，"啪"地一下钉在离靶心足有几寸远的地方。后羿脸色一下子白了，他再次弯弓搭箭，精神却更加不集中了，射出的箭也偏得更加离谱。

后羿收拾弓箭，勉强陪笑向夏王告辞，悻悻地离开了王宫。夏王在失望的同时掩饰不住心头的疑惑，就问手下道："这个神箭手后羿平时射起箭来百发百中，为什么今天跟他定下了赏罚规则，他就大失水准了呢？"

手下解释说："后羿平日射箭，不过是一般练习，在一颗平常心之下，水平自然可以正常发挥。可是今天他射出的成绩直接关系到他的切身利益，叫他怎能静下心来充分施展技术呢？看来一个人只有真正把赏罚置之度外，才能成为当之无愧的神箭手啊！"

患得患失、苛求自己一定要成功，将会使得我们患得患失，而这种心态也会成为我们获得成功的大碍。我们应当从后羿身上吸取教训，面临任何情况时都应尽量保持平常心。

据说，苏格拉底曾与人相约去爬山。那人一路赶来，气喘吁吁，姗姗来迟的苏格拉底便问："你来的路旁有什么吗？""我不清楚，我只顾向前。"那人沮丧极了。于是，苏格拉底便拍拍身上的尘埃，娓娓而谈："真是太遗憾了，我已经欣赏完了沿途风光。"苏格拉底的话看似平常，却蕴含了无限道理，是啊，在朝目的前进的时候，请放慢你的脚步，去欣赏两边的风景，或许会有一番"惊喜"。

的确，事物的过程与结果，我们更看重的应该是过程。努力过、欣赏过沿途的风景，这才是最为可贵的。然而，要真正做到不强求事物的结果，还需要我们保持一颗平常心。保持一颗平常心，是人生的一种智慧。有一颗平常的心，才能正视现实，甘于平庸；才能不骄不躁，顺其自然；才能拿捏好尺寸，把握住幸福。

所以，生活中的人们，我们应该看淡事物的结果。人世间的事物，来来去去，本就没有一个定数，我们不能左右世事，但可以左右自己的内心。当我们拥有时，我们要懂得珍惜，失去时，也不可过分执着。人有悲欢离合，月有阴晴圆缺，以一份淡然的心面对，我们的生活就会美好很多。

第 14 章

静观沧桑，
聆听时光的温柔

　　生活中，我们每个人都有自己的故事，有成功，就有失败；有得意之作，也就有失意之作；有过艰辛，当然也伴随着快乐。成功如何？失败如何？其实，这些都是生活的插曲而已，我们的故事、他人的故事都还在延续，凡事顺其自然，把一切交给时间来处理，才会获得平静的快乐。你会发现，无意中，原本属于你的快乐悄悄来到了你的身边。因此，无论我们遇到什么，我们都不必大悲大喜，以自然、平静的心态面对，你反而会收获难得的快乐！

学会笑纳命运给予你的一切

人生中，总有很多事情令我们迷惑，也都会不可避免地伴随着这样那样的大遗憾小遗憾，为错失、失误而遗憾，为始终希望拥有而却终归未属于自己的东西而遗憾。小遗憾仅是一刻间的捶胸顿足，大遗憾却是一辈子的抱憾终生，追悔莫及。

是啊，人生中总有很多东西是不属于我们的。无论多么美好，多么令人羡慕，却不归我们所有，我们或许会为别人的拥有而遗憾，而我们所拥有的也许就是别人的遗憾，只是我们自己看不到罢了。因为怕有遗憾，面对选择时，就会谨慎再谨慎，但是无论我们做出或这样或那样的选择，也都难免会有遗憾。无论小遗憾、大遗憾，当它从我们身边擦肩而过的时候，就已经彻底地不属于我们了。万事顺意只是一种美好的祈愿，没有十全十美的人生，所以有时候遗憾也是一种美，面对遗憾，我们是否可以潇洒地一笑而过，接受现实，珍惜当下？笑纳遗憾，才是人生的一种大智慧。

在荷兰的阿姆斯特丹市，有一座宏伟的大教堂，它建于15世纪。教堂内有一句很醒目的题词："事已至此，别无选择"。这句话在告诫世人，当厄运或不公正的待遇降临到人们头上时，如果无法改变它，就要学会接受它、适应它。

　　命运是个让人捉摸不定的怪物，它的性格喜怒无常。它会出人意料地给人带来惊喜，同样也会毫无来由地给人送来可怕的灾难。面对惊喜，每个人当然乐意笑纳，但面对灾难或不公平的待遇时，如果人们无法承受，它就会占据人们的心灵，让人们失去欢乐，永远生活在它的阴影里。

　　曾经有一对孪生兄弟，哥哥叫伊恩，弟弟叫杰森，兄弟二人帅气十足，但命运是不公的，他们遭遇了一场火灾事故，所幸消防员从废墟里扒出了他们兄弟俩，他们是那场火灾中仅幸存下来的两个人。

　　兄弟俩被送往当地的一家医院，虽然两人死里逃生，但大火已把他俩烧得面目全非。"多么帅的小伙子。"认识他们的人为兄弟俩惋惜。杰森整天对着医生唉声叹气，觉得自己成了这个样子，以后如何见人，如何在这个世界上生活？杰森无法接受眼前的现实，无法活下去的念头从他的思想走进了他的潜意识，他总是自暴自弃地重复着一句话："与其这样还不如死了算了。"伊恩努力地劝说杰森："这次大火只有我们得救了，这说明我们的生命尤为珍贵，我们的生活最有意义。"

　　兄弟俩出院后，杰森还是无法面对现实，他偷偷服了 50 片安眠药，离开了人世。伊恩却艰难地生存了下来，无论遇到什么样的冷嘲热讽，他都咬紧牙关挺了过来，他一次次地暗示自己："我生命的价值比谁都高贵。"后来，他当了一名货车司机。

　　一天，伊恩仍像往常一样送一车棉絮去加利福尼亚州。天空下着雨，路很滑，他把车开得很慢。此时，他发现不远处的一座桥上站着一个人。伊恩紧急刹车，汽车滑进了路边的一条小水沟里。他还没有靠近那个年轻人的时候，年轻人已经跳进了河里。年轻人被他救起后还连续跳了三次，最后一次他自己差点被大水吞没。

　　后来伊恩才知道，他救的是位亿万富翁。亿万富翁感激他给了他第二次生命，并和伊恩一起干起了事业。伊恩从一个积蓄不足 10 万元的司机，凭着自己的诚信经营，发展成了一个拥有 3.2 亿元资产的运输公司的董事长。几年后医术发达了，伊恩用挣来的钱整好了自己的面容。

一对孪生兄弟，为什么命运如此不同？因为他们的心态不同，面对毁容，弟弟杰森无法接受，选择自杀结束了自己的生命，而伊恩却始终告诫自己，自己的生病价值比谁都高贵，他努力活了下来，后来，他用同样的信念救了另外一个轻生的名人，从而改变了自己的命运。

诗人惠特曼说："面对黑暗、风暴、饥饿、意外的挫折，我们应该像树木一样顺其自然。"接受现实，是孩子走向乐观的第一步。在诸事不顺的环境中，发现现实存在的合理性、点滴变通的可能性，才能坚定信念，迎接成功的到来。

然而，现实生活中，总有人一味沉溺在已经发生的事情中，不停地抱怨，不断地自责。这样一来，将自己的心境弄得越来越糟。这种对已经发生的无可弥补的事情不断抱怨和后悔的人，注定会活在迷离混沌的状态中，看不见前面一片明朗的人生。之所以这样，是因为经历的磨炼太少。正如俗语说的那样：天不晴是因为雨没下透，下透了，也就晴了。

的确，尘世之间，变数太多。事情一旦发生，就绝非一个人的心境所能改变。伤神无济于事，郁闷无济于事，一门心思朝着目标走，才是最好的选择。相反，如果跌倒了就不敢爬起来，就不敢继续向前走，或者就决定放弃，那么你将永远止步不前。

放下悲伤，接受现实，才能重新起航。朋友，别以为胜利的光芒离你很遥远，当你揭开悲伤的黑幕，你会发现一轮火红的太阳正冲着你微笑。请用一秒钟忘记烦恼，用一分钟想想阳光，用一小时大声歌唱，然后用微笑去谱写人生最美的乐章。

每一个成功者都经受过一段最难熬的日子

我们都知道，没有人能随随便便成功，自古以来的许多卓有成就的人，大多是抱着不屈不挠的精神，忍耐枯燥与痛苦之后，从逆境中奋斗挣扎过来的。在人生的道路上，我们若想有所收获，就必须要耐得住寂寞。因为成功并不是一蹴而就的，需要我们耐心等候。

歌德说："人可以在社会中学习。然而，只有在孤独的时候，灵感才会不断涌现出来。"由此，我们可以看到的是，如果你今生想要有所建树，成就自我，那么，在孤独中坚守，在孤独中完善自我，走向成功，是必经之路。一个人，只有依靠自己的力量，脚踏实地顽强拼搏，才有可能达到目标，实现梦想。

自古以来，凡事能够成大事者，都经过一段最难熬的日子，然而我们不得不承认，现实生活是一个处处充满诱惑，时时会有外来干扰的世界，要维持长时间的、集中的注意力，必须具备一定的自我控制能力，要做到这一点，就要我们做到静心，所以从某种意义上说，内心是否宁静是我们能否持久专注于工作和学习的前提条件。也就是说，要抵御诱惑，需要我们在努力中保持一份平常心，这样，我们就能对外界的"花花绿绿""流光溢彩"不生非分之心，不做越轨之事，不做虚幻之梦。

华人导演李安执导的《理智与感情》被列入了"影史伟大的 100 部英国电影"榜单。回望李安的成功，就好像一次生活的蜕变，但这个过程中，他付出了巨大的代价。内敛和害羞的李安曾说："我天性竞争性不强，碰到竞赛，我会退缩，跟我自己竞争没问题，要跟别人竞争，我很不自在，我没那个好胜心，这也是命，由不得我。"这个信命的男人，却以自己强韧的耐心完成一次生命华丽的蜕变，从一个普通的男人蜕变成为了响彻国际的大导演。

虽然，李安毕业时的作品《分界线》为他赢来了一些荣誉，但毕业之后，他没有找到一份与电影有关的工作，他只得赋闲在家，靠妻子微薄的薪水度日。那段日子算是李安的潜伏期，他为了缓解内心的愧疚，不仅每天在家里大量阅读、大量看片、埋头写剧本，而且还包揽了所有的家务，负责买菜、做饭、带孩子，将家里收拾得干干净净。他偶尔也会帮人家拍拍片子、看看器材、做点剪辑处理、剧务之类的杂事，甚至还有一次去纽约东村一栋很大的空屋子去帮人守夜看器材。在这段时间，他仔细研究了好莱坞电影的剧本结构和制作方式，试图将中国文化和美国文化有机地结合起来，创造一些全新的作品。

后来，李安回忆起这段日子的煎熬生活，依然十分痛苦："我想我如果有日本男人的气节的话，早该切腹自杀了。"就这样，在拍摄第一步电影之前，他在家里当了六年的家庭主男，练就了一手好厨艺，就连丈母娘都夸奖："你这么会烧菜，我来投资给你开馆子好不好？"蛰伏了一段时间之后，李安出山了，他开始执导自己的第一部电影《推手》，紧接着，他内心对电影艺术的狂热就好像终于等到了机会发泄了出来，一部接着一部，部部片子都是经典，都为其成功奠定了扎实的基础。

就这样，李安完成了一次生命华丽的蜕变。

这里，我们佩服的是，李安导演因为自始至终对电影业都怀抱理想和希望，所以他能够在家里做了六年的"煮夫"，足见他的忍耐力。就连李安自己也自嘲说："我想我如果有日本男人的气节的话，早该切腹自杀了。"在那段煎熬的日子里，他不断蛰伏着，就好像蝴蝶在蜕变之前所经历的一切环节，忍受着寂寞与孤独，忍受着枯燥和痛苦，但他终于以自己的耐心等来了那一天，终于，他成功了，虽然，蜕变的代价是巨大的，但他已经忍受了过来，现在的他，只需要轻轻地努力就可以采摘成功的果实，生活对于他，也从来都是公平的。

西奥多·罗斯福也曾说过："有一种品质可以使一个人在碌碌无为的平庸之辈中脱颖而出，这个品质不是天资，不是教育，也不是智商，而是自律。有了自律，一切皆有可能，无，则连最简单的目标都显得遥不可及。"任何一个人的才能，都不是凭空获得的，学习是唯一的途径。学习的过程，就是一个不断克服自我，控制自我的过程，只有首先战胜自己，摒除内在和外在的干扰，才能以全部的激情投入到对知识的汲取中。

专心致志，然后全力以赴

人生在世，要有一番成就，就必须要有目标，这是毋庸置疑的。正是因为这一点，现实生活中的很多人，他们认为自己当下的工作根本谈不上"惊天动地的事业"，于是，他们总是渴望拥有一份更能发挥自己能力与价值的工作，对自己的本职工作便心不在焉。而实际上，热爱我们的工作并做到专心致志、全力以赴，是每个社会人的职责，也是让自己快乐的源泉。我们死心塌地地对待我们所做的工作时，就能产生火热的激情，它能让我们每天在工作中全力以赴。久而久之，持续地努力付出自然会有回报，你将因出色的表现获得巨大成就。

诚然，我们都知道，没有伟大的意志力，就不可能有雄才大略。生活中的人们，可能你现在这份工作让你感到很沮丧，你觉得前途渺茫，但你真的做到了勤恳工作吗？如果没有，那么，何不尝试一下呢？努力工作，你会发现，成长始终伴你左右！

心理学教授丹尼尔·吉尔伯特认为：当一个人憧憬未来，在他看来，他似乎已经经历了那种美好，但实际上，这不过是一个想象的黑洞，是虚无的。的确，对于未来的过分憧憬，反而会抹杀自己对未来更为可靠的理性预测。

其实，任何时候，成功始于源源不断的工作热忱，你必须热爱你的工作。热爱你的工作，你才会珍惜你的时间，把握每一个机会，调动所有的力量去争取出类拔萃的成绩。

曾有一位教授讲过这样一位毕业生的经历：

杰森是纽约一所著名大学的毕业生，毕业这年，他暗暗下决心，一定要扎根在这个全世界人羡慕的繁华大都市并做出一番事业来。他的专业是建筑设计，本来毕业时是和一家著名的建筑设计院签了工作意向的，但由于那家设计院在外地，杰森未经考虑就决定不去。如果去了，他会受到系统的专业训练和锻炼，并将一直沿着建筑设计的路子走下去。可是一想到会几十年在一个不变的环境里工作，或许永远没有出头之日，这点让约翰彻底断了去那里工作的念头。

他在纽约找了几家建筑公司，大公司不要没有经验的刚出校门的学生，小公司杰森又看不上，无奈只好转行，到一家贸易公司做市场。一段时间后，由于业绩得不到提高，身心疲惫的杰森对工作产生了厌倦情绪。但心高气傲的他觉得如果自己单干肯定会更好，于是他联系了几个朋友一起做建材生意。本以为自己是"专业人士"，做建材生意有优势，可是建筑设计与建材销售毕竟是两码事。不到一年，生意亏本了，朋友们也因利益关系闹得不欢而散。

无奈之下的杰森只好再换工作，挣钱还债。由于对工作环境不满意，几年下来，他又先后换了几次工作，杰森对前途彻底失去了信心。现在专业知识已忘得差不多了，由于没有实践经验，再想做几乎是不可能了。杰森虽然工作经验丰富，跨了好几个行业，可是没有一段经历能称得上成功……现实的残酷使杰森陷入很尴尬的境地，这是他当初无论如何也没想到的。

这里，杰森为什么一事无成，因为他总是"这山望着那山高"，一切凭兴致而定，他没有意识到真正的快乐与事业的成功都来自于踏实的工作。

的确，成功者之所以成功，就是因为在专注的过程中，经过了沮丧和艰苦的磨炼，才造就了天才。

在每一种追求中，作为成功之保证的与其说是卓越的才能，不如说是追求的目标。目标不仅产生了实现它的能力，而且产生了充满活力、不屈不挠为之奋斗的意志。因此，我们需要记住的是，世事繁杂，我们不必关注太多，只要做好手头事、着眼于当下，一步一个脚印，你就会有所收获。

追求人生目标，只有内心平静、做事专注的人，才能从容不迫、不骄不躁地沉淀自己，才能最终有一番成就。

可见，我们任何人，都没有精力去经历所有事，我们都应该趁着年轻时脚踏实地，认清自己前进的方向，并沿着这一方向不断钻研，这样一定能令自己更加充实和完美。

静坐无所为，春来草自青

"静坐无所为"来自于汪曾祺先生的一部集子；而"春来草自青"，

是印度一位哲学教授奥修先生的文集，这两句话的含义都是要告诉我们，学会以平静、客观的心境来看待事物，就能够不受感情因素的影响而看清事物的真实面貌。

我们都知道，人都是情绪的动物，我们的情绪会被周围的人和事所影响，但成功的人在于能做到自控，做事不冲动；而失败的人则相反，他们性情散漫、毫无节制，总是受自己的情绪摆布，而情绪总是依环境氛围而变幻莫测。于是，他们起伏摇荡于这种恶性失衡之中，做事时陷入自相矛盾的境地。这种过分轻狂不仅毁掉了他们的意志，也殃及他们的判断力，干扰了他们的欲望和理解力。成功需要很强的自律能力。

生活中的你，也许是容易冲动的人，但请记住：冲动是魔鬼，会让自己一败涂地，从现在起，一定要做到自制，理智思考并克服自己的情绪。

从前，在英国的一个古镇上，住着一个六十几岁的富有老绅士，可惜的是，他膝下无子。他年纪越来越大，也慢慢考虑要找个继承人了，最关键的是，他也需要人照顾。他想从村里的这些孩子里挑选出一个，可是，该选择谁呢？他最欣赏那些能抵御住诱惑、没有好奇心的孩子。

镇上的很多孩子在知道老绅士要寻找一个财产继承人的时候，都纷纷给老绅士写信。很快，老绅士就收到了二十多封信。

这天早上，三个打扮得干净利落的少年出现在了老绅士的客厅。

老绅士先考核的是一个叫杰克的人，他被带到了一个房间，然后，引他进门的人便出去了。杰克一人坐在了沙发上，刚开始，他等待着老绅士的到来，但一个小时过去了，还没人敲门，他就躁动起来了，他才发现，原来房间里这么多好东西。他终于站了起来，东瞧瞧，西看看。他发现，房间的桌子上放了一个罩子，他心想，罩子下面不是美味的蛋糕就是诱人的饮料，于是，他掀起了罩子，结果，他看到的却是一堆轻轻的羽毛，因为他掀罩子的力气太大，这些羽毛已经开始飞起来了，杰克意识到自己可能错了，但羽毛已经飞得满屋子都是了。

接下来被考验的是亨利，在他所在的房间里，放了很多他喜欢吃的葡萄，他忍了好久，终于偷吃了一个，吃完，他后悔了，但他又马上安慰自己，没事的，反正这么多，吃一颗不会被人发现的。吃完以后，他发现，葡萄真的好吃，再吃一颗吧，他真的又拿起了一颗。其实，老绅士在这盘葡萄里做了"手脚"，他悄悄放了一个辣椒，亨利不小心吃到了，他的喉咙像着了火一样。结果，他也被老绅士打发走了。

最后出来的是哈利，他是个守规矩的孩子，他一直在房间里坐着，周围好吃的、好玩的东西太多了，但他一直没动。半小时后，他被许可为老绅士服务。就这样，哈利一直服侍老绅士，直到他离开人世。老绅士临死之前，将所有的财产都送给了哈利。

生活中的我们就像是故事中杰克和亨利一样，总会因为一些利益诱惑而失去正确的判断能力。其实，这些小利益对于我们来说，之所以之所以能那样吸引人，在于它本身就是带刺的玫瑰，表面上看着美丽，实际上却是不折不扣的陷阱。在通往成功的路上，我们会遭遇不同的利益诱惑，只要我们能够忍耐欲望的吞噬，按捺住内心的悸动，那最后的胜利就是属于我们的。

那么，我们该如何做到平静、客观的心境来判断事物呢？

1. 要有务实精神

务实其实就是脚踏实地，不浮躁，只有打好基础知识，你才能开拓，否则一切都是花架子。

2. 遇事善于思考

伟人之所以成为伟人，是因为有伟大的思维，让思维决定行动，正像爱因斯坦的某些学说在当时被喻为"疯子式的假设和推论",但后人均证实他的理论并非错误,他的猜测并非虚幻;当布鲁诺用生命捍卫哥白尼"日心说"理论的时候,所有的人都认为他只是另一个"疯子",而今天的我们确实认同了太阳系的概念。但这些伟大的思维,无不是在磨难和折磨中中形成的。

总之,考虑问题应从现实出发,而不能凭意气热情,学会站在全局的角度看问题,你就能看得远,寻找出最好的解决方法。

第 15 章

驻足倾听，
感受恰到好处的幸福

　　古往今来，幸福在人们的观念里有着不同的内容和解释。
幸福是一种感受，是一种经过，是对满足需求后的一种感受，
是一种对需要的理解。而很多时候，人们却认为自己是不幸福的，
这是人们的心态——对欲望的不满足所致，也正是欲望的陷阱，
才使简单的生活演变得复杂，才使得我们的心灵沉重起来。的
确，背在身上的欲望，除了让我们身心疲累之外，还会给我们
带来些什么呢？事实上，我们只有放下无止境的欲望与追求，
只有停下奔波的脚步，学会感知幸福，用积极的心去看待生活，
如此才能成为一个幸福的人。

烦恼皆自找，始终保持快乐心情

有人说，世界上最难得到和最容易得到的东西，都是快乐。快乐不需要理由，不快乐却有无数借口。快乐是一种能力，也一种智慧。然而，生活中，我们每个人都会遇到一些烦恼，我们常常被这些烦恼困扰着，而事实上，这些烦恼都是我们自找的。一个浮躁的人才乐于给自己找麻烦，你可以追寻美好的生活，可以追寻甜蜜的爱情，但你绝不可以自寻烦恼。

可以说，一个高情商的人总是能淡化烦恼、寻找快乐，他们豪爽，爱交际，朋友多；他们兴趣广泛，不会无所事事；他们爱运动，因为是快乐的添加剂，运动会直接带给人快乐；他们生性乐观豁达，积极进取，却知足常乐；他们抗挫折能力强，他们总认为困难是暂时的，相信乌云遮不住太阳……

每个人都有七情六欲和喜怒哀乐，这是避免不了的。但不同的人对待烦恼的态度却是不同的。比如，积极乐观者，一般很少自找烦恼，而且善于淡化烦恼，善于从烦恼中发现快乐之事，而悲观失望者却总是喜欢无病呻吟，一旦有了烦恼，忧愁万千，牵肠挂肚，离不开，扔不掉，活得有些窝囊。

可见，大多时候，人的烦恼都是自找的，有些问题其实根本不是烦恼。举个很简单的例子，你已经是一名主管，管理着很大一批人，但你却一直觊觎经理的职位，但你没料到的是，这一职位却被一名资历不如自己的人拿到了，你心里很不痛快，但你忽视的一点是，主管的职位已经是很多人羡慕的了，再说位高烦恼多，经理也有经理的烦恼，而且经理的烦恼未必少。还有的人为钱而烦恼，有了一万想两万，有了两万想三万……还是烦恼，可惜你除了想过钱多有钱多的得意，有没有想过钱多有钱多的烦恼？钱少的或许没有钱多的那么神气，但钱少的也没有钱多的那么多担忧，平民小户没有大富人家对盗贼绑架的担心，恐怕也少有为争夺家产使兄弟反目，甚至相残的悲哀。

当我们在为种种苦恼之事感到失落甚至掉泪时，其实快乐就在身边朝我们微笑。做一个快乐的人其实并不难，拥有一个幸福的人生也很简单，只要我们不自找烦恼。

从前，佛祖遇到了一个不喜欢他的人，这个人连续几天都跟着佛祖，并用各种方法辱骂佛祖，但奇怪的是，佛祖似乎没听到这些似的，从不跟他计较。这个人很纳闷，问佛祖是怎么做到的。

佛则反问道："若有人送你一份礼物，但你拒绝接受，那么这份礼物属于谁的？"

那个人答："属于原本送礼的那个人。"

佛祖微笑着说："没错。若我不接受你的谩骂，那你就是在骂你自己。"

那个人恍然大悟，摸摸鼻子走了。

这里，佛祖要告诉我们的是，只要你对别人给你的烦恼采取不理、不睬、不接受的态度，那么无论别人如何谩骂你、如何对待你，都影响不了你的快乐，夺不走你的高兴。也就是说，生气其实就是拿别人的错误来惩罚你自己，真正的受害者也是你自己。因此，不要扰乱了自己的心，烦恼往往都是自找的。只要你不接受"烦恼"这份礼物，任何人都破坏不了你的好心情。

美国心理治疗专家比尔·利特尔经过研究认为：一个人若有以下心理

或做法，必定会促使其自寻烦恼、无事生非：

1. 总把问题的症结放到自己身上

你是不是认为不喜欢你是因为你的原因？你是不是认为同事被上级责备领导也是因为你的原因？把消极原因都归结于自己，那么要不了多久，你就会烦恼成疾。

2. 自影自怜，认为自己是殉难者

比如，你可能经常会听到家庭主妇们会这样抱怨："没有一个人真正心疼我，对我们家来说，我不过是个仆人而已。"而男人们也会抱怨："我的骨架都累散了，谁也不把我当回事，大家都在利用我。"要知道，经常这样想，必定会使你烦恼异常，而且还能使周围的人感到讨厌，令你的感觉变得更糟。

3. 只做白日梦

最可怜、可悲的人莫过于那些总是做白日梦的人，如果你不重新调整你的目标，那么那些无法实现的目标同样让你烦恼不断。

4. 制造隔阂

你不懂得怎么"讨好"别人，你从未赞美过他人，总是挑刺儿、埋怨，好与人争论，这是制造隔阂、自寻烦恼的妙法。

5. 只看到消极面

不要总是把眼光放在你曾经受到的多少次冷遇上，也不要总是计算自己吃了多少次亏，如果你这样做，你就会运用这种消极的思想方法来给自己制造烦恼。

6. 总是拖延问题

问题一旦出现，你就要马上解决，因为此时解决很容易化为乌有，而如果你采取拖延的方法，那么，问题只能像滚雪球一样越滚越大，最后一发不可收拾，因为不要认为"既然错过了解决问题的时机，索性再往后拖拖。"这样，只会使问题变得更糟，必定会导致你的愤怒和苦恼埋在心底几个月甚至几年。

可见，做一个快乐的人其实并不难，拥有一个幸福的人生也很简单，只要我们摒弃以上心理或做法。要知道，世界上没有一个人因烦恼而获得过好处，也没有一个人因烦恼而改善过自己的境遇，但烦恼却在随时随地损害着我们的健康，消耗着我们的精力，扰乱着我们的思想，减少着我们的工作效能，降低着我们的生活质量。

正确认识幸福和金钱的关系

美国心理学家戴维·迈尔斯和埃德·迪纳的曾经做过一项研究，这项研究表明，一个人的财富多少，与其幸福程度并没有很大的关联。相反，社会财富的增加并没有让人们变得更加幸福。在大多数国家，收入和幸福的相关性是可以忽略不计的；只有在最贫穷的国家里，收入才是适宜的标准。

除此之外，在哈佛教授本·沙哈尔的课堂上，他这样教他的学生怎么看待自己未来的工作与金钱、幸福的关系。

仔细考虑以下 3 个关键问题，先来问问自己：一、什么带给你人生的意义？二、什么带给你快乐？三、你的优势是什么？并且要注意顺序。然后看一下答案，找出这其中的交集点，那个工作，就是最能使你感到幸福的工作了。

本·沙哈尔认为，"金钱和幸福，都是生存的必需品，并非互相排斥。"

然而,生活中,有太多人,为了金钱的保障,被一个不喜欢的工作所捆绑,他们生活得并不幸福。据有关机构统计,在美国,有 50％的人对自己的工作不甚满意。但本·沙哈尔认为,这些人之所以不开心,并不是因为他们别无选择,而是他们自己做出的决定,让他们不开心。因为他们首先看重的是物质与财富,随后才是快乐和意义。

一日,老张听说妻子要带一个同事回家吃饭,便做了满满一桌子菜。席间,这位同事突然忍不住说道:"我好羡慕你们,你们家里好温馨,好幸福。"正在给母亲夹菜的老张突然被这一句莫名其妙的话弄糊涂了,在一起吃顿饭就幸福吗? 看到老张一家人都惊讶地望着她,她不好意思的说道:"一家人围在一起吃饭,问寒问暖,相互说话,这样的生活我真的好羡慕。"

老张妻子开玩笑说道:"你们两口子一月的收入是我们的好几倍,你们不幸福吗?"

这位朋友黯然失色道:"我希望少挣点钱,一家人天天生活在一起,家里有老、有小、相聚在一起就是幸福。" 原来这位朋友夫妇二人都是挣钱的高手,但天各一方,孩子跟着爷爷奶奶,一家人生活在三个地方,在一起聚会的时间少,分离的时间多。所以特别羡慕老张一家人天天生活在一起的日子。听这位朋友这么一说,老张突然真的感觉自己很幸福,只是每天忙碌于工作,忘记了去讨论幸福在哪里。

的确,家的平淡与温馨,只要经常置身其中,便会觉得那其实是我们一直期待着的。或许不会给你带来大富大贵的光荣,却也不会有大跌大落的沉闷,只是平稳如四方八达的平台,只是平静如一望无边的湖海,但是那种宁静与从容,能够让你感受的便是一种平安的幸福感觉。

由此可见,幸福不是获得更多的金钱与财富,而是得到最适合自己的东西。因此,如果一个人弄清楚自己内心真正需要什么,那么为之努力的过程和获得的结果才能让你产生幸福感。

亚伯拉罕·林肯曾经说过："对于大多数人来说，他们认定自己有多幸运，就有多幸福。"一个人幸福不幸福，面对同样的生活经历，看你如何去理解，不同的看法导致不同的幸福感受。幸福不是追求来的，关键在于自己保持何种人生态度和对待他人的看法。

可见，幸福与职业、地位、金钱无关，只与自己的感受、心态有关，无论生活在什么样的环境中，只要能感受到幸福，就能保持良好的心态，良好的心态恰是改变自己命运的基石。

不同的人有不同的幸福体会，它是一种心态体验，故事中老张妻子的同事因为一家人分离，特别羡慕生活在一起的一家人，经济拮据的人突然得到他人的馈赠一定也能感受到幸福，天天忙碌的人突然让他休息一天也很惬意……幸福没有标准，因人因事而异。但无论如何，幸福都不是金钱可以衡量的，一个人，如果对金钱充满欲望，那么，他很可能最终成为金钱的奴隶，这样的人，又怎么能感受到幸福呢？

总之，幸福在于内心的感受，与金钱无关，只要我们用心品味，用心感觉，用一颗宽容的心去包容一切，便会体会到绵绵而来的幸福喜悦。

走慢一点，别错过了人生旅途中的美好风景

现代社会，随着生活节奏的加快，竞争的日趋激烈，经济压力逐渐增大，人们穿梭于闹市之间，面临生活中的许多危机，以至于无法平静自己的内心，甚至有些人难以调适自己的内心而产生生理心理问题，长此以往的消极应

对及负性情绪会使个体出现诸如焦虑、抑郁、神经衰弱、轻度躁狂等心理疾患，不但影响自己的生活、工作，也会对家人造成不必要的伤害。

的确，行走于世久了，我们每个人都应该学会放慢脚步，给自己一个舒缓神经的神经的机会，这样，我们的才能收拾好心情继续上路。

在美国，曾经有一位年轻有为的政府官员，在他 34 岁的时候，就被选举为该市的副市长，前途光明。

然而，不幸的是，在他担任副市长期间，该市却发生了一场极为严重的火灾，他难辞其咎，最终被免职。当时的他才 37 岁，虽然被免除了副市长一职，但他依然是地位显赫者，因为他还是富翁，高官，大财团的董事长……大家都为他被罢免一事感到惋惜，认为他必定十分难过，或者会寻求政界其他人的帮助，但谁知道，他却选择了回到乡村，过上了悠然自得的田园生活。

他在自家的小菜园里种菜，施肥，捉虫，过得平淡而有滋味。没事的时候，他就走街串巷，收集一些民间陶器作为自己的爱好。生活中，他从不理会别人的富贵，更不去羡慕别人的日子。我行我素地过着自己的简朴岁月。

由于他的知识和才能，他很快就在收藏上有了很大造诣。七八年过去，他竟然收集到了几十件世界顶级的民间珍宝。前来买卖的人蜂拥而至，他每卖出一件，都在上千万美元。有人问他，你怎么会在收藏上有这么大的成就。他说，因为我过得十分简单，从不盲从地去羡慕别人，清静的生活让我可以一心一意地鉴别陶器。

不去羡慕别人的生活，这使这位收藏大师不但摆脱了烦恼，也把收藏做到了罕见的顶端，成为世界级大师。

人们常说，人生就是一次旅行，在这一过程中，只有翻山涉水，不惧艰辛，走过忧郁的峡谷，穿过快乐的山峰，蹚过辛酸的河流，越过滔滔的海洋，才能走到生命的最高峰，领略美好的风景，然而，我们忽略的是，有时候，美好的风景就在眼前，我们何不放慢脚步欣赏呢？

现实生活中的很多人，他们一直信奉勇往直前的原则，向往着未来的、他人的生活，于是，他们总是在马不停蹄地追赶，但时过境迁，等他们青春年华不再时，才知道自己已经错过了生命里最美的时光。因此，当我们觉得"累"了的时候，不妨告诉自己，该放松自己了。为此，我们可以采取以下放松的方式：

因此，要释放自己的内心，我们就要学会享受生活，完善内心修养提高自身能力，争取更大的空间和更好的生活质量，要有一颗乐观向上的心。

新的一天来临了，放慢你的脚步吧，生活中有太多值得我们慢慢感悟的幸福！你不必羡慕他人光鲜亮丽的穿着，也不必再去羡慕周围拔地而起的高楼琼宇，反倒感觉这样的生活对自己而言，美好得近乎奢侈，因此也就喜欢得虔诚倍至了！

保持率真的心态，活出真正的自我

生活中，可能我们不少人尤其是年轻人会被长辈告知，年轻不可气盛，要低调，要追求完美和成熟，诚然，这是我们应该遵循的处事原则，但这并不意味着我们人要压抑自己的喜怒哀乐，相反，保持率真的心态，才能活出真正的自我。为此，哈佛大学一位教授曾说过："我每次都很紧张，因为我害怕被发现一些内心的感受，但却被自己搞得很累，学生们也很累，我极力想表现自己完美的一面，争取做个'完人'，但每次都适得其反。其实，打开自己，袒露真实的人性，会唤起学生真实的人性。在学生面前做一个自然的人，反而会更受尊重。"

的确，前面，我们也已经提及，人无完人，追求完美固然是一种积极的人生态度，但如果过分追求完美，而又达不到完美，就必然会产生浮躁。过分追求完美往往不但得不偿失，反而会变得毫无完美可言。

生活中的人们，也应以保持率真的心态，即使是小小的喜悦之情，也应要表达出来。这才是真实的你，真实的人生。

一天，因为单位某同事喜得贵子，小王和单位其他同事们一起前来道贺。来到同事的家，小王环顾了一下，发现同事的家布置的温暖、舒适，尤其是悬挂着的那些花花草草，更是为整个家增添了几分情致。

正当小王观赏之时，同事说："这几盆花草有真有假，你们看出来了吗？"

"我怎么没有看出来呢？"另外一个同事反问道。

"谁能不用手去摸，不靠近用鼻子闻，在五米以外准确地指出真假，我就送给谁一盆郁金香。"主人有些得意地说。

听到主人的话，大家都兴致勃勃地仔细观察起来。只见眼前的几个盆栽，都长得极为茂盛，看起来个个碧绿如玉，青翠欲滴。乍看之下，真是分不出真假，可是用心观察，你还是能发现其中的不同。小王偶然发现有三盆花依稀能够找到枯萎的残叶，有的叶片上还有淡淡的焦黄，显示出新陈代谢和风雨侵袭的痕迹。可是另外两盆，绿得鲜艳，红得灿烂，没有一片多余的赘叶，没有一丝杂草，更没有一根枯藤。一切都是精心设计精心制造的结果，它们显得完美无缺。看着它们，似乎这完美的东西远不如那些夹杂着残枝败叶的新绿更令人愉快。

的确，人生原本就是极为真实、简单的，且存有不可避免的缺陷，有些人对完美生活的幻想超出了生活本身，刻意装点的生活，就如那盆假花一样，虽然看起来很精致，但总会缺乏生气，缺少生命经历过的真实。如果时时都是如此的心境，事事都是如此的状态，生活的一切虽看似华丽或精细，但它始终缺少灵魂的寄托。

的确，不完美的人生才是真实的，率真的人才具有真性情，人们大多愿意和这样的人打交道。

从心理学上来讲，虽然任何人都喜欢听好话，但没人有愿意听假话。事实证明，现实生活中，人们更愿意与那些做人做事光明磊落、真性情的人交往。而对于那些苛求完美、从不显露自己的脾气、秉性的人，人们则敬而远之。因为人们都知道，"金无足赤，人无完人"，那些"趋于完美""毫无瑕疵"的人虽然在为人处事上并未多少过错，但未免显得不够真诚：他们虽然优秀，但不可爱。为此，现实生活中，与人打交道，我们一定要做到真情流露，说真话、做真事，有情绪也不要刻意压抑。

总之，你应该明白，每个人在生活中都有自己的位置，每个人都扮演着不同的角色，在自己的世界里，我们是主角，在别人的世界里也许只是龙套。当喜则喜，活出真正的自己，坦然面对生活给予的一切，不要让苛求完美的心，使生活失去原本的真实。

参考文献

[1] 魏庆岷.善待你的欲望:不要耗尽最美的年华 [M].北京：北京工业大学出版社，2015.

[2] 韦甜甜.欲望极简 [M].北京：台海出版社，2016.

[3]（美）艾尔文.欲望 [M].北京：中国青年出版社，2008.

[4](澳)麦凯.欲望心理学 [M].北京：中国友谊出版公司，2013.